U0003421

給企業人的
法律書

FORMOSAN
BROTHERS
寰瀛法律事務所　著

序——企業經營一定要瞭解的法律風險

企業從設立初始，便開始面臨各式各樣的法律問題，諸如選擇怎樣的公司型態？如何募得資金？股權該如何規劃？公司內部組織該如何配置？賴以維生的營業秘密及智慧財產權該如何避免成為一場空？……等等。

接著，在營運邁入成長期與成熟期後，可能因員工的增加而有勞資的爭議；因綜效的考量而有併購的需求；因激烈的市場競爭而需要有完善的智慧財產權保護戰略；因全球化面臨跨國法律之需求；因上市櫃而需有完善的公司治理；而公司治理的範疇內至少仍有以下事項值得企業留心：誠信經營原則（如內線交易的防止、員工舞弊的預防等）、傳承接班議題（如專業經理人或家族企業的接班規劃等）、永續發展（如 ESG 等）。

最後，如同史蒂芬・柯維在《與成功有約》一書中提到高效能人事的七個習慣之一「以終為始」，也就是，企業仍須時時抱有將來退場的可能，並且預作準備，此時，在法律上有哪些方式可以進行？不同方式對於企業的優缺點為何？都是企業經營的課題。

除了企業生命週期會遇到的各樣法律問題外，社會、經濟、政治的發展與趨勢，仍需要企業時時留意！譬如中美貿易戰、科技戰下，就可能影響企業的設廠需求、供應鍊管理、各國法規如何遵循等議題；再如，新冠肺炎也使某些企業產生違約的可能性大增、因應疫情所實行的居家辦公如何同時兼顧企業核心機密的保護、人才流動產生的勞資爭議等。

　　寰瀛法律事務所成立滿 25 週年之際，藉由 35 位律師、20 位專利部同仁，在各自不同的專業領域上，以團隊作戰的方式，為企業找出在經營的路上，最需要注意的法律風險，期能為企業在決勝的過程中，提供最完善的法律專業分析！

寰瀛法律事務所

葉大殷　創所律師

· 日本慶應大學法學部研究
· 日本名城大學法學碩士
· 國立政治大學法學士

專業領域
訴訟與仲裁、公司與企業併購、工程法律、日本業務、銀行、證券及融資不動產事件

李貞儀　主持律師

· 美國富蘭克林皮爾斯法學院法學碩士
· 國立臺灣大學法學碩士
· 國立臺灣大學法學士

專業領域
訴訟與仲裁、公司與企業併購、工程法律、專利申請、維護、行使與爭議處理、商標申請、維護、行使與爭議處理 著作權／營業秘密、不動產事件

陳秋華　主持律師

· 國立政治大學法學碩士
· 國立政治大學法學士

專業領域
訴訟與仲裁、公司與企業併購、工程法律、國內外投資及涉外業務、日本業務、行政救濟、公平交易法、交通運輸

李立普　執行長／主持律師

· 美國聖路易華盛頓大學法學博士
· 美國聖路易華盛頓大學法學碩士
· 私立東海大學法學士

專業領域
訴訟與仲裁、公司與企業併購、工程法律、國內外投資及涉外業務、銀行、證券及融資、保險、不動產事件、稅務規劃、國際貿易、交通運輸

黃國銘　策略長／資深合夥律師

· 國立臺灣大學會計學研究所碩士生
· 英國倫敦大學皇后瑪麗學院銀行法與金融法碩士
· 私立東吳大學法學士

專業領域
訴訟與仲裁、銀行、證券及融資、行政救濟、勞資關係、不動產事件、稅務規劃、數據與個人資料保護、智慧財產權、營業秘密

江如蓉　資深合夥律師

· 國立臺灣大學法學博士
· 國立臺灣大學法學碩士
· 國立臺灣大學法學士

專業領域
訴訟與仲裁、公司與企業併購、工程法律、不動產事件

王雪娟　資深合夥律師

· 美國印第安那大學法學碩士
· 國立臺北大學法學碩士
· 國立中興大學法學士

專業領域
訴訟與仲裁、公司與企業併購、工程法律、著作權／營業秘密、行政救濟

蘇佑倫　資深合夥律師／專利師

· 美國加州大學柏克萊分校法律碩士
· 交通大學科技法律研究所碩士班研究
· 國立台灣大學農化所生物化學組碩士

專業領域
訴訟與仲裁、公司與企業併購、工程法律、著作權／營業秘密、行政救濟

洪國勛　合夥律師

專業領域
訴訟與仲裁、公司與企業併購、工程法律、國內外投資及涉外業務、著作權／營業秘密、行政救濟、公平交易法、不動產事件

・國立臺灣大學法律學院碩士
・私立東海大學法學士

涂慈慧　資深顧問

・美國聖路易華盛頓大學法學博士（J.D.）
・美國聖路易華盛頓大學法學碩士
・私立輔仁大學法研所碩士
・國立臺北大學財經法學系學士

專業領域
公司與企業併購、國內外投資及涉外業務、銀行、證券及融資、公平交易法、國際貿易

郭維翰　合夥律師

專業領域
訴訟與仲裁、工程法律、銀行、證券及融資、專利申請、維護、行使與爭議處理、商標申請、維護、行使與爭議處理、著作權／營業秘密、勞資關係

・國立中正大學財經法律研究所

黃俊凱　合夥律師

・德國柏林洪堡大學博士班
・德國柏林洪堡大學法學碩士
・國立政治大學法學碩士
・私立文化大學法學士

專業領域
訴訟與仲裁、國內外投資及涉外業務、行政救濟、公平交易法、國際貿易、交通運輸

何宗霖　合夥律師

· 國立臺灣大學法律學研究所
· 國立臺灣大學 法律學系財經法學組

專業領域
訴訟與仲裁、國內外投資及涉外業務、日本業務、保險、勞資關係、不動產事件、交通運輸、營業秘密

鄧輝鼎　助理合夥律師／會計師

· 私立輔仁大學學士後法律學系學士
· 私立淡江大學會計學系碩士
· 私立淡江大學會計學系學士

專業領域
訴訟與仲裁、公司與企業併購、行政救濟、稅務規劃

呂思賢　助理合夥律師

· 美國康乃爾大學法學碩士
· 國立台灣大學國家發展研究所碩士（經濟組）
· 國立台北大學法學士

專業領域
訴訟與仲裁、公司與企業併購、銀行、證券及融資、商標申請、維護、行使與爭議處理、著作權／營業秘密、保險、勞資關係

魏芳瑜　助理合夥律師

· 國立臺灣大學法學士

專業領域
訴訟與仲裁、公司與企業併購、工程法律、行政救濟、勞資關係、不動產事件

陳宣宏　資深律師

・國立臺北大學法律學碩士
・國立臺灣大學醫學檢驗暨生物技術學士
・國立臺灣大學法律學系輔修

專業領域
訴訟與仲裁、工程法律、著作權／營業秘密、勞資關係、醫藥生技與健康照護

謝佳穎　資深律師

・國立臺灣大學法律學研究所公法組碩士
・私立東吳大學法學士

專業領域
訴訟與仲裁、工程法律、行政救濟、公平交易法、不動產事件

葉立琦　資深律師

・美國南加州大學法學院法學碩士
・私立東吳大學財經法組碩士
・私立東吳大學法學士

專業領域
訴訟與仲裁、公司與企業併購、銀行、證券及融資、著作權／營業秘密、不動產事件

吳宜璇　律師

・國立政治大學法律學系碩士
・國立臺灣大學法律學系學士

專業領域
訴訟與仲裁、工程法律、行政救濟

趙家緯　律師

・國立臺北大學法學碩士（民法組）
・國立臺北大學法學士（財經法組）

專業領域
訴訟與仲裁、工程法律、勞資關係、不動產事件

林禹維　律師

專業領域

· 國立臺北大學法學碩士（財經法組）　　訴訟與仲裁、公司與企業併購、商標申請、
· 私立文化大學法學士（財經法組）　　　維護、行使與爭議處理、公平交易法

劉芷安　律師

· 國立政治大學法律學系碩士（勞動法與社會法組）　　**專業領域**
· 國立政治大學法律學系學士　　　　　　　　　　　　訴訟與仲裁、勞資關係

吳毓軒　律師

· 國立政治大學法律科際整合研究所碩士　　**專業領域**
· 國立臺灣大學政治學系學士　　　　　　　　訴訟與仲裁、公司與企業併購

呂宜樺　律師

· 國立臺灣大學農業經濟研究所碩士　　**專業領域**
· 國立臺北大學企業管理學系學士　　　　訴訟與仲裁

蔡錦鴻　律師

· 國立臺灣大學法律學研究所公法組碩士　　**專業領域**
· 國立臺灣大學法律學系財經法學組學士　　訴訟與仲裁、行政救濟、公平交易法

第一章

企業經營

例如公司法人、獨立董事指派、股東會召開
的注意事項,各種狀況都跟法律息息相關。
近年更受到新冠肺炎疫情影響企業營運,或
是SDGs的注重、美國出口管制,或是「碳費」
與「碳關稅」等等,都是讓企業經營牽一「法」
而動全身的實際例證。

CHAPTER 1 ⸻

1 疫情來襲怎麼辦？ ——企業抗「疫」有步驟

謝佳穎／寰瀛法律事務所資深律師

　　新冠肺炎疫情爆發以來，不僅製造業、批發貿易、零售、金融與服務業等受到極大影響，更衝擊全球貿易產業與供應鏈，如何應對與調整成為現今企業不得不面對的重要課題。目前台灣雖尚未實施封城或全面停工，但因疫情持續延燒，已導致國內、外經濟活動蕭條，企業經營者實應提前就無法繼續營運可能導致的違約風險進行完整評估。

▶ 事前準備　契約應納入不可抗力條款

　　最高法院認為，所謂「不可抗力」是指人力所不能抗拒之事由，即任何人縱加以最嚴密之注意，也不能避免者而言。也就是說，該事變的發生是由於外界的力量，而非人力所能抵抗者，都是屬於不可抗力的範疇。（註1）

抗「疫」守則

事前準備

・契約應納入不可抗力條款
・明確化不可抗力事件內容與處理方式

---

1 ｜最高法院 95 年度台上字第 1087 號、86 年度台上字第 442 號判決參照。

多數企業已認知到商務契約應納入不可抗力條款，然而適用上往往受限於約定文字過於簡化、未將「瘟疫」、「傳染病」、「政府決策」等事件明確列入條款內，或未明訂不可抗力事件發生後的處理方式，都將導致不可抗力條款留有過多解釋空間，造成企業欲主張新冠肺炎疫情屬不可抗力事由而減免履約責任時，恐面臨爭訟階段舉證責任困難的障礙。

雖然部分法院判決與行政院公共工程委員會已肯認新冠肺炎屬不可抗力事由（註2），但企業如能於「事前」簽約階段，留意不可抗力條款是否有不明確或欠缺法律效果的問題，即可避免上述未知風險，並免除企業於訴訟過程中所需耗費的時間、成本與費用。

▶ 事後守則　確認不可抗力是否影響契約履行

若已簽訂的契約已經納入不可抗力條款，則須確認不可抗力因素是否造成契約給付義務無從履行。例如：企業因疫情關係遭上游廠商取消訂單，但其與下游廠商間的訂單仍屬獨立的契約關係，不因疫情就免除對於下游廠商的價金給付義務，而且衡諸全球金融秩序未因疫情產生影響，國內外的匯款業務也未被禁止等情況，新冠肺炎的影響，實無導致企業不能完成

事後作法

· 確認不可抗力是否影響契約履行並應踐行契約必要程序
· 契約變更或終止
· 回歸民法「情事變更」與「不可歸責」原則

2 ｜工程會 109 年 3 月 6 日工程企字第 1090100202 號函、110 年 5 月 5 日工程企字第 1100100263 號函參照。

價金交付的義務。因此,企業在這種情形下,較難以疫情屬不可抗力事由主張免負價金給付義務。

如果為確保因為疫情而免除給付義務,則應在事前以契約約定不可抗力條款或是免責條款,並具體約定因疫情導致客戶取消訂單,有權對供應商延後或免除付款的義務,方能保障企業的權益。

其次,確認不可抗力因素與不能履行契約給付義務間具有因果關係後,即應進一步檢視該不可抗力條款是否需採行相關必要程序。例如:應於期限內通知他方不可抗力事件的發生,或應採取特定的風險減緩措施,以降低不可抗力事件造成持續性的損害等。如契約訂有上述程序卻沒有做到,對於想主張權利的一方可能產生失權效果,而不得再以相同事由主張不需負履約責任。

反之,若已簽訂的契約內未訂有不可抗力條款,或有前述內容不明確或法律效果欠缺的疑慮,企業應儘速與他方展開誠意商談,於「事後」藉由契約變更的方式調整契約內容或合意終止,設法將雙方的損害降到最低。

如果雙方經磋商後未能達成共識,企業仍可援引民法「情事變更原則」與「不可歸責原則」來調整契約的權利義務關係。「情事變更原則」是指於契約成立後,因不可歸責於當事人的事由,致發生非當初所得預料的變動,如仍貫徹原定的法律效果,顯失公平時,法院可以合理分配當事人間的風險及不可預見的損失(民法第 227 條之 2 第 1 項規定參照);「不可歸責原則」則是指在違約事件發生後,被求償的一方可以主張違約是非可歸責於己之事由所造成,而應免除履約責任或遲延責任(民法第 225 條與第 230 條規定參照)。

▶ 企業做足準備　才能抗「疫」成功

　　台灣苦守防疫一年多來（註3），成效斐然，讓全民防疫意識不禁有一絲懈怠，2021 年 5 月間本土疫情爆發，正可以讓國內企業重新檢視疫情是否將導致違約的風險，並預為抗「疫」準備，方能降低疫情延燒可能帶來的經濟損失。

 知法熟法

- 民法第 227 條之 2 第 1 項：契約成立後，情事變更，非當時所得預料，而依其原有效果顯失公平者，當事人得聲請法院增、減其給付或變更其他原有之效果。
- 民法第 225 條：1. 因不可歸責於債務人之事由，致給付不能者，債務人免給付義務。2. 債務人因前項給付不能之事由，對第三人有損害賠償請求權者，債權人得向債務人請求讓與其損害賠償請求權，或交付其所受領之賠償物。
- 民法第 230 條：因不可歸責於債務人之事由，致未爲給付者，債務人不負遲延責任。

3｜本文寫於 2021 年 9 月 29 日。

2 美國海外反腐敗法
——海外商業交誼行為小心踩紅線

涂慈慧／寰瀛法律事務所資深顧問／美國紐約州律師／國際公認反洗錢師 CAMS

美國海外反腐敗法（Foreign Corrupt Practices Act，簡稱 FCPA）於 1977 年制定，歷經 1988、1998 年兩次重要修法，不斷擴張其域外管轄的效力，目的在禁止對外國政府或政黨官員給付不當利益，影響其行為或決策，以取得或維持業務的行為，該法使台商在海外經營事業面臨法律風險，若風險控管意識不足，將有觸法疑慮，不得不察。

▶ 美國海外反腐敗法 企業得小心

不是美國企業、行賄又不在美國境內就沒有風險的想法恐怕大有問題。因為 FCPA 管轄的主體範圍廣泛，主要有以下三類：

1、證券發行人（issuers）：在美國全國性的證券交易所交易，或在美國櫃檯買賣市場交易且應定期向 SEC 提報的公開發行上市上櫃公司，不限於美國公司，也包括在美國發行 ADR 的外國公司。

2、國內事業組織（domestic concerns）：在美國設立，或雖非在美國設立，但其主要營業地點在美國的公司、合夥、商業信託、非法人團體或合資、獨資企業等。

3、前述兩類主體以外的任何人，其直接或間接在美國境內或採取涉及到美國的手段，從事有助於行賄的行為。像是利用越洋電話、電郵、

美國海外反腐敗法
——海外商業交誼行為小心踩紅線

企業爲了商業利益額外「付出」的支出，小心違反美國海外反腐敗法。

簡訊或傳真，其起始地或目的地是美國，或途經美國——例如用 Gmail 發信至國外，Gmail 伺服器位在美國，抑或自美國的銀行電匯、電匯至美國的銀行，或通匯銀行位在美國都算是。要留意的是，前述三類主體的管理人員、董事、職員或代理人或代表前述主體行事的股東，也受到 FCPA 管轄，所以大股東是美國公司的企業、合作的在地供應商或銷售通路也可能成為 FCPA 處罰對象。

▶ 常規業務行為不禁止

FCPA 主要是禁止意圖取得或維持其業務（obtaining or retaining business）的賄賂行為，常見的例子像是得標政府採購合約、取得非公開

的投標資訊、獲得稅賦減免、脫免裁罰、使政府採取行動阻止競爭者進入市場、規避取得執照／許可的要件、影響政府執法、取得特殊或例外待遇等，都使得企業立於不當競爭的地位，有利於其取得或維持業務。

至於違法的賄賂行為包括：提供、支付、允諾支付，或授權支付任何金錢，或提供、送禮、允諾給予、或授權提供任何財物（anything of value）。給付不當利益的形式存在多樣化，常見的是給錢，而若給錢是以支付諮詢費或佣金等名目作掩飾者仍屬之，其他財物像是支付旅遊費、觀光費、娛樂費、俱樂部會員費，或餽贈昂貴奢侈品等。

雖 FCPA 未明文規定構成不當利益的最低門檻金額，且 FCPA 也無意禁止正當、合乎常規的促進業務行為。例如支付計程車費、請喝咖啡或餐點、支付合理的活動出席交通食宿費、提供公司業務推廣品，此等提供小禮物或展現商業上象徵尊重或禮尚往來的適當作法，特別是其過程公開透明，也有適切紀錄在提供者的帳簿中，此種情形並無違法。

▶ 常規業務變慣例　小心違法

當支付小額款項或提供小禮物是賄賂行為系統性手法的一環，或長期實施行為當中的一部分時，則有違法的疑慮。賄賂的對象涵蓋以下幾種類型：

1、外國官員：指外國政府或其部門、機關或機構（如：公營事業、政府挹注成立的基金會、政府持股雖未過半但對該機構的重要營運決策或人事有否決權），或公共國際組織（如：IMF、WIPO、WTO、OECD 等）的任何官員或職員，或以公職身分代表外國政府或其部門、機關或機構，或代表公共國際組織行事的任何人。

2、外國政黨或其官員、政黨候選人。

3、擔任白手套之人： 許多企業在海外發展時，常會聘任當地個人或企業，或利用黨政官員的家眷當白手套打通關，縱使不是企業本身直接從事賄賂行為，而是間接透過第三人為之，在明知給白手套的金錢或財物（全部或一部）將會直接或間接提供、給予或允諾給外國政府或政黨官員的情況下，企業將無法避免 FCPA 的處罰。

因此企業在發展海外事業的過程中，仍要有遵守 FCPA 及法律風險控管的意識，以免遭受美國法令懲罰。

FCPA 開罰或調查中的例子

- 西門子：前眾議院議員、路易斯安那州民主黨的 William J. Jefferson，為了商業利益賄賂了非洲的政府部門，被指控違反海外反腐敗法。在 2008 年，西門子因為違反海外反腐敗法而支付了 4.5 億美元罰金，這是美國司法部因違反 FCPA 而開出的最大罰單之一。

- 惠普：惠普公司的高層管理人員在 2004 至 2006 年間支付了 1,090 萬美元給俄羅斯總檢察長，以獲取一項金額高達 3,500 萬歐元的俄羅斯出售電腦設備採購案。

3 網路爆料中
——如何捍衛個人名譽或公司商譽

李貞儀／寰瀛法律事務所主持律師
魏芳瑜／寰瀛法律事務所助理合夥律師

現代社群網站發達，更有匿名的爆料公社，躲在螢幕後面的鍵盤手常會對個人、企業本身、企業提供的商品、服務等做出不實的指摘或辱罵，報章雜誌也時而會刊登未經查證的報導，造成個人名譽、公司商譽受損，要如何救濟、保護自己？掌握以下要項：證據的保存、民事刑事的救濟方式及時效規定，將更能維護自己的權益。

▶ 證據的保存

為了證明確實有該報導／發言的存在，建議在發現後立即做證據保全，尤其是網路上的報導／發言隨時可能會被撰文者刪除、修改，更需要即時存證。若是網頁，則建議可找公證人做「體驗公證」，以證明當時網頁上確實有此內容的報導／發言存在，因為自己提供的截圖，在訴訟上可能會被爭執真正性。若是紙本的報章雜誌，則建議購買一本留存做為證物。

▶ 民事救濟途徑：要求撤下／收回不實報導／發言、澄清、金錢賠償

1. 受害者可訴請對方撤下／收回該不實報導／發言，法院認為有必要時並會准命對方登報澄清。

2. 金錢賠償：

(1) 多數法院認為法人（如公司）不得請求慰撫金（即俗稱的「精神賠償」），因為法人不是人類，並不會感受到痛苦，只有自然人才會感受到痛苦；少數法院見解則肯認法人也可以請求慰撫金。

(2) 若能證明因該報導／發言而實際受有其他損害，例如商品銷量因此減少，則可能可以額外請求金錢賠償。但是，因為影響商品銷量的原因眾多，故較難證明「若無此報導／發言的存在，則商品就會增加多少銷量」的因果關係，故此部分的求償仍有相當程度的困難性。

▶ 刑事救濟途徑：提出妨害名譽相關告訴

1. 如前所述，因為民事上可能不易獲得金錢賠償，故為了嚇阻日後再發生類似事件，也有人會採取刑事途徑提出告訴。但刑事責任較難成立，因為刑事犯罪必須是對方故意犯罪始能成立，民事的澄清、金錢賠償責任，則是只要對方具有過失就可成立，所以民刑途徑各有其優點與困難的地方。

2. 刑事相關罪責例如「公然侮辱罪」（刑法第 309 條第 1 項）、「誹謗罪」及其加重規定（刑法第 310 條第 1 項、第 2 項）、「妨害信用罪」及其加重規定（刑法第 313 條第 1 項、第 2 項）。此處所謂妨害「信用」，包括支付能力、支付意思、產品的品質、售後服務以及經營方針等一切履行經濟上義務的評價。縱使所述符合事實，如果涉於私德而與公共利益無關，則仍可成立誹謗罪（參刑法第 310 條第 3 項但書）。

▶ 例外規定

1. 並不是只要有貶損他人價值的發言，或是與事實不符的陳述，就一定會

成立刑事責任／民事賠償責任。例如刑法第 311 條第 3 款規定，如果是對於可受公評之事以善意所做適當評論，則並無刑事責任，民事上也有法院採用此一標準；再例如，縱使所述與事實不符，如果發言者「經合理查證而有相當理由確信自己所述內容是真實」並且有做「平衡報導」的話，法院仍然認為不會成立刑事責任／民事賠償責任，甚至有法院更加寬鬆地認為，縱使未做「平衡報導」仍可免責。

2. 我們常會看到新聞報導在最後面寫一句「本報記者就此事件致電當事人查詢，惟至截稿前未獲回覆。」或是在長篇大論的報導最後面加上小小一欄的當事人反駁意見。但是，若給予被報導人回應的時間過短、平衡報導的篇幅與正文明顯不成比例，則仍可能被法院認定並未做到平衡報導，而須負相關責任。

3. 因為這類案件的判斷標準頗為抽象，故在具體個案中每一位法官對於該報導／發言內容是否有貶損他人名譽／商譽？是否有合理查證？是否符合平衡報導？等因素均可能會有不同的判斷。故建議可針對該案的具體情況，蒐集整理法院就類似情形做出的有罪／有責判決，提供給該案法官做為參考，則比較可能獲得有利的判決結果。

▶ 時效期限　法律不保障睡著的人

要特別注意的是，法律並不保障睡著的人。就民事要求澄清、金錢賠償的部分，請求權時效是「知道有侵害及賠償義務人時起 2 年」、「自對方發表該報導／言論時起 10 年」，任一期限逾期即超過時效（參民法第197 條）；就刑事告訴的部分，告訴期間則是自知悉犯人時起 6 個月（參刑事訴訟法第 237 條）。

網路爆料中
——如何捍衛個人名譽或公司商譽

社群媒體的盛行,讓爆料
文化更容易也更迅速。

　　民、刑事訴訟通常至少需要一年半載才能有結果,曠日廢時,因此也有許多人會選擇先立即發函,要求對方撤下／收回報導／發言,並做出澄清及道歉,以期迅速止血、減少對名譽／商譽的影響。別擔心,縱使對方已經做出澄清及道歉,倘若未經和解或拋棄權利,則仍不會影響被害人請求民事金錢賠償、提出刑事告訴的權利。

4 高度法律風險
——獨立董事在企業中的承擔

黃國銘／寰瀛法律事務所策略長兼資深合夥律師

6.4 億元，是「財報不實」案件中，董事、監察人、財報簽章人員等，遭投保中心求償的平均金額。此類案件，除了民事賠償責任外，還可能涉及 3 年以上有期徒刑的刑事責任（證券交易法第 171 條）。另外，獨立董事除了面臨財報不實的風險外，若在某些重大資產交易上未能善盡受任義務，導致公司損害達新台幣 500 萬元以上的話，也可能面臨重罪的風險（即所謂「特別背信罪」）。

▶ 應盡義務的標準不一

實務觀察上，在「財報不實」案件中常聽到幾種說詞。譬如，「我當天沒有出席董事會」、「沒參與公司日常營運」、「財務報告已經經過會計師簽證，會計師都看不出來我哪看得出來」等，但上述說法均未被多數法院所採納。另外，在「特別背信罪」案件裡，由於重點之一在於董事「有沒有違背其職務」，所以常會爭執的是：到底應盡義務的標準是什麼？是法官的標準（與社會經驗）？還是董事們的個人標準？還是此類職務的業界標準？

標準不一，通常是因為每個人的社會經驗不同，以及商業交易的專業性與複雜性。但無論如何，浮動性的判斷標準，已經某程度導致獨立董事在執行職務的不安定感。

▶ 面對高度法律風險的幾項建議

在涉及專業、複雜的財務報告而有不實可能時，證券交易法第 14 條之 3 指引一條明路，也就是「載明反對意見或保留意見於董事會議事錄」。也就是說，若將來真發現有財報不實情形，但因為某獨立董事有在通過該不實財報的董事會議事錄上，曾表示反對或保留意見，那麼，免除法律責任的機率就會比較高。

不過，有時因為獨立董事背景與專業侷限性的關係而難以或無法表示意見，更別說記明於議事錄，因此，獨立董事需能善用法制上賦予的兩個武器：會計師與內部稽核主管。具體來說，可以請會計師到場說明與解釋財務報告或某重大交易，趁此機會多問一些問題並記載於議事錄上，甚或是請處理該重大交易之部門主管到董事會說明等。

財報如果不實，獨立董事容易面對高度法律風險。

▶ 特別背信罪的風險如何

獨立董事們該如何面對特別背信罪的風險，也就是到底獨立董事們在實際審查不同類型的交易（特別是涉及不動產、有價證券、衍生性金融商品）時，該注意哪些事情，將來才不會被檢調、法院質疑未盡義務？

金管會於 2020 年發布的「公司治理 3.0 ─永續發展藍圖」中，似乎有提供解決之道。在該藍圖中，建議針對獨立董事的角色與功能認知不足等

問題，提出建議：「有必要提供獨立董事及審計委員會行使職權之相關行為準則」，雖此建議非在解決特別背信罪標準不一的情形，但某程度上，此一行為準則似可作為將來類似商業事件（尤其是特別背信罪）的判斷標準（以認定涉案之獨立董事有無盡其義務）。

由於此類行為準則尚未制訂，加上縱使制訂後，該行為準則仍須經法院認可（也就是若照這個準則行使職權，可認為已盡其義務），因此在行為準則制訂完成之前，建議獨立董事們能夠：熟悉公司法與證券交易法相關規定、瞭解主管機關頒頒布之「上市上櫃公司治理實務守則」、「股份有限公司獨立董事職責範疇規則」、「董事會設置及行使職權應遵循事項要點」等相關要點。

▶ 至少熟知兩項條文

只是相關條文眾多，加上某些條文理解不易，建議獨立董事們至少必須熟知兩項條文：證券交易法第 14 條之 3 及第 14 條之 5。從檢調實務觀察，條文所揭示的 11 種情形常見於金融犯罪之手法與特徵，也就是這些特徵是主管機關、檢調在發生弊案後會特別檢視之處。以證券交易法第 14 條之 5 各款依序說明會被檢視的場景。

通常在涉及不法的重大資產交易時，檢調常會檢視：交易所涉內部控制的有效性、交易的內部控制有無於案發前中後遭特意改變、交易所涉資產處理準則有無於異常時間點遭修改、交易相關人士有無關係人（或人頭）、有無重要主管於交易發生後或遭檢舉後離職、交易所涉財報的會計處理有無重大改變等。

良好公司治理在法制發展上，某程度已愈趨仰賴獨立董事把關。然而，

若獨立董事所面臨的法律風險極高，將使專業人才裹足不前。因此，為使獨立董事能獨立、無所畏懼地行使職權，足夠的董監保險以及未來對於相關行為準則制訂仍屬重要。在尚未完備法制之前，獨立董事必須善於與會計師及內部稽核主管溝通，同時，需特別留意證券交易法第 14 條之 3 及第 14 條之 5 所示的相關交易與流程。

知法熟法

· 證券交易法第 14 條之 3：

已依前條第一項規定選任獨立董事之公司，除經主管機關核准者外，下列事項應提董事會決議通過；獨立董事如有反對意見或保留意見，應於董事會議事錄載明：

一、依第十四條之一規定訂定或修正內部控制制度。

二、依第三十六條之一規定訂定或修正取得或處分資產、從事衍生性商品交易、資金貸與他人、為他人背書或提供保證之重大財務業務行為之處理程序。

三、涉及董事或監察人自身利害關係之事項。

四、重大之資產或衍生性商品交易。

五、重大之資金貸與、背書或提供保證。

六、募集、發行或私募具有股權性質之有價證券。

七、簽證會計師之委任、解任或報酬。

八、財務、會計或內部稽核主管之任免。

九、其他經主管機關規定之重大事項。

5 疫情影響下的股東會
——視訊方式召開注意事項

李貞儀／寰瀛法律事務所主持律師
魏芳瑜／寰瀛法律事務所助理合夥律師

公司法原禁止公開發行公司以視訊方式召開股東會，但是因新冠肺炎疫情等因素，公司法於 2021 年 12 月 31 日修正施行第 172 條之 2，開放公開發行公司於章程訂明的前提下，得以視訊方式召開股東會，並授權證券主管機關得加以規定應符合的條件、作業程序及其他應遵行事項。公司法該條並同時規定，在天災、事變或其他不可抗力情事的情況下，中央主管機關得公告，公司於一定期間內，縱使章程未訂明，仍得以視訊方式召開股東會。

金管會於 2022 年 3 月 6 日增訂施行《公開發行股票公司股務處理準則》（下稱《處理準則》）第二章之二〈股東會視訊會議〉（即第 44-9 條至第 44-23 條）、於同日修正施行《公開發行公司股東會議事手冊應行記載及遵行事項辦法》第 3 條、第 6 條，規範公開發行公司以視訊方式召開股東會時應符合的條件、作業程序及其他應遵行事項。摘要重點如下：

▶ 以視訊方式召開股東會注意事項

1. 《處理準則》將「股東會視訊會議」分為「視訊輔助股東會」及「視訊股東會」兩種類型，前者指公司召開實體股東會並以視訊輔助，股東得選擇以實體或以視訊方式參與股東會；後者指公司不召開實體股東會，僅以視訊方式召開，股東僅得以視訊方式參與股東會。為避免混淆，以下

購買上市櫃公司股票就可以成為公司股東，並且每年有資格參加股東會。

採較直觀的用語，將「視訊輔助股東會」稱為「部分視訊股東會」，將「視訊股東會」稱為「全視訊股東會」，將「部分視訊股東會」與「全視訊股東會」二者合稱為「以視訊方式召開股東會」。

2. 原則上，公開發行公司須經章程載明得以視訊方式召開股東會，並經董事會決議，始得為之。不過例外自 2022 年 3 月 4 日起一年內，縱使章程未載明，仍得經董事會特別決議（即董事三分之二以上之出席及出席董事過半數同意的決議），召開「部分視訊股東會」。

3. 「全視訊股東會」不得有選舉董事或監察人、解任董事或監察人、讓與或受讓重要財產、解散、合併或分割等重要決議的議案，且股東會的主席及紀錄人員應在國內之同一地點。「部分視訊股東會」不得有解任董事或監察人議案，除「候選人人數未超過應選席次」的情況外，不得有董事或監察人選舉議案。

4. 為確保視訊平台及視訊過程的中立性，規定公司須將視訊會議相關事務委外辦理，且其不得同時受託辦理同一公司的股務事務，或擔任同一公司的股東會委託書徵求人、受託代理人或代為處理徵求事務者。且為確保視訊過程穩定及安全，規定其於資訊專業、股東身分識別、備援機制、個資保護等方面應具備的資格，並應每年將相關資格證明文件送交金管會備查。

5. 「以視訊方式召開股東會」而股東、徵求人或受託代理人欲以視訊方式參與者，應於股東會開會 2 日前，向公司登記。「部分視訊股東會」的股東原得選擇以實體或以視訊方式參與股東會，若股東、徵求人或受託代理人已登記以視訊方式參與股東會，之後想改為親自出席實體股東會者，則應於股東會開會 2 日前，以與登記相同方式撤銷登記；逾期撤銷者，

新冠肺炎疫情影響，
不僅開會使用視訊，
就連股東會也開始
運用。

僅得以視訊方式參與股東會。

6. 股東以視訊方式參與股東會者，視為親自出席股東會。視訊出席的股東
   得觀看股東會直播、投票、提出臨時動議、原議案修正、提問。每議案
   提問不得超過 2 次，每次提問文字不得超過 200 字。

7. 公司召開「部分視訊股東會」，若因天災、事變或其他不可抗力情事致
   視訊會議平台或以視訊方式參與發生障礙，無法續行視訊會議時，如經
   扣除以視訊方式參與股東會的出席股數後，出席股份總數仍達股東會開
   會的法定定額者，則股東會應繼續進行，無須延期或續行集會；以視訊
   方式參與股東會的股東、徵求人或受託代理人，其出席股數應計入出席
   股東的股份總數，但就該次股東會的全部議案，視為棄權。因此若公司
   召開「部分視訊股東會」，則股東選擇以實體方式參與股東會，可能會
   較以視訊方式參與股東會來得有保障。

6 爲了地球的未來努力 ——「碳費」與「碳關稅」的重要

黃俊凱／寰瀛法律事務所合夥律師

　　歐盟於 2005 年啟動碳權交易市場，在總量管制排放交易過程中進行碳定價，使得歐盟境內排碳有其成本，2021 年 5 月，歐盟碳價來到每噸 55 歐元的歷史新高。

　　為達成 2050 淨零排放的目標，以及 2030 年溫室氣體排放量（與 1990 年相比）減少 55% 的階段性目標，歐盟執委會於 2021 年公布「55 配套方案」（Fit for 55），其中除了擴大並改革歐盟境內的碳交易系統外，最值得注目的就是推出「碳邊境調整機制」（Carbon Border Adjustment Mechanism, CBAM）。

▶ CBAM 是什麼？

　　CBAM 為歐盟的「碳關稅」計畫，規定歐盟境外的鋁、鋼鐵、水泥、化肥及電力產業等碳密集型產品若進口到歐盟，必須申報產品碳排放量，繳交「碳邊境調整稅」購買憑證，目的在保護歐盟境內相關產業，並也避免產業遷往環保法規不全、無排碳成本的國家，生產更不環保的產品，因而發生碳洩漏（Carbon Leakage）現象。

　　歐盟的碳邊境稅讓全球重視碳洩漏問題，並引發國際進行碳邊境調整的趨勢，美國氣候立法也在 2022 年 6 月 7 日提出美版碳關稅：《清潔競爭

大量的二氧化碳排放，造成全球氣候變遷。

法案》（Clean Competition Act，簡稱 CCA）。一旦通過，美版碳關稅宣稱將在 2024 年上路，可能比 2027 年始正式生效的歐盟 CBAM 更快。此外，日本也在評估推出自己的碳關稅。

　　台灣為出口導向的國家，除了研議對進口產品徵收碳關稅外，為了讓相關產業將來面對國際課徵碳關稅時仍具有競爭力，也必須先完備國內的碳定價機制，以落實本土產業減碳。

▶ 台灣的氣候變遷因應法

行政院會 2022 年 4 月 21 日通過《溫室氣體減量及管理法》修正草案，並將名稱修正為《氣候變遷因應法》，除將 2050 年淨零排放入法，也將分階段，排碳企業由大至小徵收碳費，最快 2024 年起實施。

關於碳定價，草案對國內排放源擬先採取課徵「碳費」的方式作為經濟誘因（第 28 條），首波將以包括鋼鐵、石化、半導體等排碳大戶為徵收對象，也就是每年直接及間接（使用電力）排放量 2.5 萬噸以上的約 290 家企業，按每噸碳定價進行課徵，下一階段再將較小的排放源納入課徵。

碳費費率目前環保署評估每噸約 100 元上下（70 到 120 元），另外有研究機構指出，台灣碳價每噸應至少有 10 美元（約 300 元）的水準。此外，也為因應國際碳邊境調整趨勢，草案增訂我國得公告高碳含量的進口產品，對輸入業者徵收碳關稅（減量額度不足繳納代金，第 31 條）。

▶ 進出口都有可能被徵收碳關稅

因此，台灣企業將來除了陸續會被課徵國內的碳費之外，如果所仰賴進口的原物料或半成品，經公告為高碳含量的進口產品，在輸入時會先被台灣徵收一筆碳關稅；如果出口為碳密集型產品時，將來在國外也會面臨被徵收碳關稅的問題，這三個面向都是氣候變遷為企業帶來營運成本增加的風險。

不過這裡要注意的是歐盟 CBAM 有規定但書，如果進口產品已經在其生產國為排碳付出一定的成本，這部分的成本就可以向歐盟國家申報抵減（CBAM 第 9 條）。而台灣氣候變遷因應法草案也有規定類似的退費機制（第 31 條）。換言之，未來國際碳關稅之高低將可取決於輸出國國內碳

北極圈的冰山融化，是溫室效應帶來的影響之一。

訂價機制的完備性及其碳費水準，如果台灣的碳費機制與碳費水準能夠與國際接軌，例如與我國碳費與歐盟碳價格相近，將是國內產品出口海外能否不被他國碳邊境調整機制課（重）稅的關鍵。

　　氣候法變遷因應法草案最大的亮點，是將 2050 淨零排放定為本法目標，而其修法重點之中最受關注的，就是台灣首次以碳費為經濟誘因抑制溫室氣體排放，不過其徵收對象、費率、計算方式、徵收方式等都是授權由中央主管機關公告或訂定子法，為了應對政府氣候政策方向，企業應及早了解掌握相關法規動態，才能把企業邁向永續轉型的風險降到最低。

7 兩個法人指派同一個董事？
——英雄所見略同的難處

葉大殷／寰瀛法律事務所創所律師
葉立琦／寰瀛法律事務所資深律師

於 2022 年農曆年前，台灣土地開發股份有限公司（下稱台開公司）的經營權發生重大異動。於 2022 年 1 月 26 日晚間，台開公司發布重大訊息指出，因法人董事鴻生投資股份有限公司（下稱鴻生公司）改派前台開財務長郭福進為代表人，邱于芸董事長職務因而解任。

▶ 董事長還是我？

據報載，邱于芸也在 1 月 28 日發出公開信說明，麒麟船務代理有限公司（下稱麒麟公司）在 1 月 25 日時已委任指派其為代表人，即便鴻生公司於 1 月 26 日將其解任，不中斷其董事職位，故主張其董事長職位不因鴻生公司改派代表人而影響其董事長職務。台開董事長職位的風波愈演愈烈，法人董事指派代表人的法律爭議再次浮上檯面。

按公司法第 27 條第 2 項規定：「政府或法人為股東時，亦得由其代表人當選為董事或監察人。」次按同條第 3 項規定：「第一項及第二項之代表人，得依其職務關係，隨時改派補足原任期。」再按經濟部 2004 年 7 月 30 日經商字第 09300580690 號函釋：「依此項規定（指公司法第 27 條第 2 項）推派代表人當選為董事或監察人時，係以該代表人名義當選。」

經查閱台開公司公示登記資料及 2020 年 6 月 30 日全面改選董事之重

兩個法人指派同一個董事？
——英雄所見略同的難處

不同的法人董事通常
指派不同的代表人。

大訊息可知，鴻生公司及麒麟公司均是依公司法第 27 條第 2 項規定，分別指派代表人當選為董事。而鴻生公司係於 2020 年 12 月 1 日依公司法第 27 條第 3 項之規定改派邱于芸擔任代表人，直至 2022 年 1 月 26 日才又改派郭福進。根據上開事實可知，邱于芸於 2022 年 1 月 25 日同時受「鴻生公司」及「麒麟公司」指派擔任其代表人，此不同法人股東指派同一人為代表人的法律效力為何？值得探究。

▶ 二位法人不得指派同一位自然人？

按經濟部 1968 年 12 月 10 日商 43432 號函釋：「查政府或法人為股東時，得指派代表人數人分別當選為董事監察人，公司法第 27 條第 2 項定有明文，至於兩個以上法人股東可否同時指定同一自然人為其代表當選為公司之董事監察人公司法尚無明文規定，然如兩個法人對其代表所為之指示不一致時，將妨礙其董事職務之執行，自非所宜，對於公司法第 197 條之適用不無窒礙。」

再按經濟部 2009 年 2 月 19 日經商字第 09800522520 號函釋在說明法人董事委託另一位法人董事出席董事會之情形時,更直接表示:「股份有限公司二位法人董事尚不得分別指派同一位自然人出席董事會。」經濟部的立場似乎不贊同兩個以上法人股東指派同一人代表出席董事會,只是法律基礎仍有待釐清。

▶ 代表人應該對公司盡其忠實義務及善良管理人注意義務

上述內容中,經濟部函釋已說明兩個以上法人股東指派同一人當選為董事,公司法尚無明文。而從委任關係角度而言,代表法人股東執行董事職務的自然人,應按公司法第 23 條第 1 項規定,對公司盡其忠實義務及善良管理人注意義務。

即便法人股東對執行董事職務的自然人有所指示,亦應站在公司立場判斷是否有利,而非無條件聽從法人股東的指示。而法人股東也可依公司

董事長及董事會攸關一家公司的經營方向,自然是不同股東想積極爭取的重要位置。

法第 27 條第 3 項規定，隨時改派代表人，此改派權限應足以保障法人股東的意志執行。因此，即便兩個法人股東對其代表人有所指示或指示不一致，該代表人亦應立於公司立場執行董事職務，不因法人股東指示而有不同，更不會因為指示不一致而妨礙其執行董事職務，經濟部就上述情形若不能贊同，似乎應更清楚地說明其不贊同的相關法律依據及法律效果。

▶ 不能由法人股東直接改派代表人遞補董事長

台開公司受鴻生公司指派代表人擔任董事並獲推選為董事長，是否因法人股東改派而產生異動乙節，按經濟部 1979 年 8 月 20 日商 26434 號函釋的說明，其改派的代表人不能繼續擔任原代表人職務，仍須依公司法第 208 條規定，由董事會另行推選之，也就是不能由法人股東直接改派其代表人遞補原董事長職務。

此部分僅說明鴻生公司不得指派代表人遞補原董事長職務，然本案中，鴻生公司固然改派其代表人，但是其原代表人邱于芸因同時受麒麟公司改派為代表人執行董事職務，並未喪失董事身分。若按經濟部 2004 年 7 月 30 日經商字第 09300580690 號函釋，政府或法人股東按公司法第 27 條第 2 項規定推派代表人當選為董事時，是以該代表人名義當選的說明意旨，若同時受兩個不同法人股東指派為代表人，並無相關法律基礎得主張其指派為無效，則未喪失董事身分之代表人，似乎也不會影響其董事長職務。

台開公司董事長職位爭議未能解決，造成公司經營陷入停頓，跳票、下市等危機接踵而來，經濟部之一紙函釋或許無法解決公司經營的困境，但若有助於平息兩派人馬紛爭，若許能讓台開公司盡早回到正軌，保障公司股東權益。

8 財報不實？
──會計主管的必修課

黃國銘／寰瀛法律事務所策略長兼資深合夥律師
吳毓軒／寰瀛法律事務所律師

想像一下以下場景：A 上市公司董事長甲，原預定於一年後向銀行融資，但是因為該產業景氣突然大幅下滑，導致 A 公司收入銳減、股價也因此大跌，甲為了原本融資的需求，加上想要維持股價，就產生了進行虛增營收的想法。這時候，甲便透過代辦業者設立了一間看似有實際營運的紙上公司 B，還找上前任員工乙擔任 B 公司的代表人。接著，A、B 間開始進行假交易以虛增營收。

這時產生一個重要的問題：A、B 間的交易是否為關係人交易？若被認為是關係人交易，則 A 公司的財務報表附註上必須揭露，若有未揭露的情形，則有可能會有財報不實的法律風險。

▶ 關係人交易的 7 種情形

而 A、B 間的交易是否屬於關係人交易？根據財務會計準則公報第六號「關係人交易之揭露」第 2 條有提到關係人的定義，也就是若符合形式上的 7 種情形：

1. 企業採權益法評價的被投資公司。
2. 對公司的投資採權益法評價的投資者。
3. 公司董事長或總經理與他公司的董事或經理為同一人，或具有配偶或二

財報會計攸關公司盈餘或虧損的面貌。

　　親等以內關係的其他公司。

4. 受企業捐贈的金額達其實收基金總額三分之一以上的財團法人。

5. 公司的董事、監察人、總經理、副總經理、協理及直屬總經理的部門主管。

6. 公司的董事、監察人、總經理的配偶。

7. 公司的董事長、總經理的二親等以內親屬，通常就屬於關係人。

　　但是，會真正進行犯罪的行為人，通常不會透過以上 7 種情形去交易，簡單來說，甲一定不會找自己太太或兒子等二親等內親屬，要找也是找遠親；又或者，也不會找 A 內部主管，要找也是找前任員工或司機等。

　　也就是說，高明的犯罪者在犯罪前，一定會去看相關法條，然後想辦法規避它。所以，財務會計準則公報第六號第 2 條所提到的：「在判斷是否為關係人時，除注意其法律形式外，仍需考慮其『實質』關係。」這點就相當重要！

▶ 實質控制的實務情形

　　而什麼是有「實質」控制？雖然財務會計準則公報第五號第 5 條有提到 5 種情形。但實務上，常常會從：B 公司的財務面、營運面及人事面是否會被 A 公司所操控來判斷。例如：

1. 檢調前往 B 公司搜索，發現 B 公司沒有會計；B 公司的會計處理完全是由 A 公司會計部門處理。
2. A、B 間所涉及的可疑交易相關簽呈上發現，除了 B 公司董事長乙的決行外，竟然都還有 A 公司董事長甲透過便條紙指示可行與否。
3. B 公司重要人事案須經過甲同意。

　　前面提到的例子，較令人感到可怕與憂心的是，真正有心犯罪之人，都是透過「非」形式上關係人、但又可以控制的人去進行交易，而這類交易，由於都不是「形式」上的關係人，所以常常無法被公司董事、會計主管、會計師及投資大眾所發現。也因為很難發現，所以公司會計主管自然不會想到要在附註上揭露。結果變成，公司會計主管（甚或董事等），因為事實上很難發現到的交易，而被移送偵辦涉嫌財報不實。

透過電子郵件往來等流程上，留下軌跡，以適時控制財報不實的法律風險。

▶ 留下軌跡　控制財報不實的法律風險

　　金融犯罪常常會因為涉及運用人頭、紙上公司等工具而涉及非常規交易、特別背信罪等等，但是財報不實的法律風險，卻常因不易發現而忽略。建議擔任公司董事或會計主管等，在進修上，能考慮選擇財報不實（尤其是常見財報不實特徵、董監責任，或董監如何自保）等課程；而在行使職務上，對於與以往作法相異的交易，或者直覺上認為這時屬於異常時，建議在相關的討論、電子郵件往來或簽呈等流程上，留下軌跡，以適時控制財報不實的法律風險。

9 家族企業永續傳承 ——境外控股結構的傳承信託規劃

陳秋華／寰瀛法律事務所主持律師
林禹維／寰瀛法律事務所律師

　　許多早期進入中國開拓市場的台商，在法令規範的限制或是全球市場布局的考量下，多透過在第三地——例如開曼或英屬維京群島等設立公司，再以海外控股公司間接投資中國或世界各地。然而經過多年的奮鬥後，許多台商已在中國甚至是全球的市場具有領導性的地位。近年來除了全球的市場競爭外，企業接班與股權的傳承，也是台商逐漸面臨的考驗之一。

　　以下介紹在開曼與英屬維京群島兩地（以下合稱「境外地區」）經常被家族企業主作為避免家族股權分散、降低爭產風險的股權信託規劃架構。但要注意的是，如境外地區經濟實質法施行後，即必須審慎評估是否仍有維持境外架構的必要，必要時並可委請律師或會計師等專業人士提供協助。

▶ 特定目的信託模式（Purpose Trust）

　　有別於傳統的信託架構，必須有委託人、受託人及受益人三個角色，並由信託受託人為了受益人的利益而管理信託財產。在境外地區的信託法規中，允許委託人為了達成「特定目的」而設立的信託，不再要求信託結構中必須要有受益人的存在。而所謂的「特定目的」，則包括建造和維護墳墓、紀念碑、照顧動物，或是用來持有或控制家族企業股權，作為家族

保有企業股權的方式。因此，國際上有越來越多家族利用境外地區的目的信託作為工具，以持有或控制家族境外股權，並達到家族資產傳承的目的。

▶ 目的信託 + 私人信託公司模式 （Private Trust Company）

許多家族企業主也會選擇在境外地區設立私人信託公司（Private Trust Company，簡稱「PTC」）。所謂的 PTC 是有別於向一般大眾提供信託服務的專業信託公司，PTC 僅為特定的家族成員提供信託服務。家族會透過設立 PTC 作為受託人，由其受託持有家族企業股權或其他家族財產，並於 PTC 的治理結構中設置功能性的委員會，由家族成員擔任委員會的成員，藉由此安排，家族即可持續對於信託財產具有投資跟控制的權能。而在境外設立的 PTC，通常也會同時搭配前述的特定目的信託方式，由特定目的信託持有並保持 PTC 的股份，讓 PTC 的股權可以持續在信託中而不分散。

▶ 台塑王家的境外信託架構

台塑王家即是以「目的信託 + 私人信託公司」模式作為傳承家族的境外股權架構。台塑王家透過在百慕達群島設立的四個境外目的信託，由四個目的信託分別持有四家 PTC 的股權，再由 PTC 作為家族境外股權信託的受託人。四個家族境外股權信託是分別由四家 PTC 所管理，並且四家 PTC 的管理委員會成員，皆由王家成員與親信所擔任。且四家 PTC 的管理委員會，其職責都是執行境外股權信託的目的，即「持有、管理、投資、並為信託之台塑集團相關企業股份行使表決權，確保企業能持續成長」。藉此確保家族股權集中，並可達到避免因眾多子女導致股權分散的情形。

10 啟動家業傳承
——四大傳承工具教給您

黃國銘／寰瀛法律事務所策略長兼資深合夥律師
林禹維／寰瀛法律事務所律師

對於一家公司來說，有什麼事情比貨出得去，錢進得來，公司發大財來得重要？大概就是如何讓企業能夠永續經營、基業長青了。根據統計，2014 年台灣 1,500 餘家上市櫃公司中，有 74% 的公司是由家族所經營及控制，可見家族企業對於台灣的經濟具有相當重要的影響。參考資誠會計師事務所的統計，2018 年有 54% 的台灣家族企業計劃將經營權和所有權股權一起交棒給下一代，且在面對接班規劃的準備方面，僅有 6% 的家族企業表示具備健全、有書面文件記載且已傳達接班安排計畫，此比例完全低於全球平均的 15%。由此可見，家族企業主在為台灣拼經濟時，似乎沒有注意到企業的接班與股權傳承對於企業的永續經營與基業長青有何等重要。

▶ 四種傳承家族股工具

在台灣以家族企業作為經濟基石的商業社會，若未妥善規劃企業的接班與股權的傳承，在代際傳承時即有可能發生經營權爭奪、資產分化、持股分化、企業經濟規模下降與資本弱化等問題。這些問題甚至可能讓企業逐漸喪失競爭力進而影響到台灣的經濟發展。因此在企業的經營上，家族企業主除了思考如何讓貨出得去、錢進得來，公司發大財之外，也必須要即早審慎思考與規劃，企業接班與股權傳承事宜。以下即介紹目前實務上家族企業主在傳承家族股時，經常使用的四種傳承工具。

不少基金會成立都帶有公益慈善的目的。

▶ 財團法人（基金會）

　　台灣有許多家族企業主利用設立財團法人，將股權贈與給財團法人，透過財團法人的董事會掌控家族企業的股權。一方面除了能讓家族成員透過財團法人響應公益慈善，提升家族聲譽之外，也可以此作為避免因為繼承而導致股權分散的方式。

▶ 閉鎖性股份有限公司

閉鎖性股份有限公司是 2015 年增訂於公司法中的公司組織型態，家族企業主可透過設立閉鎖性股份有限公司，規劃彈性的股權結構（特定事項否決權特別股、複數表決權股）並可限制股份的自由轉讓，藉此達到家族對於企業的控制，也可同時保持家族集團企業的股權不外流。另外，在國外有許多家族企業主，會在閉鎖性股份有限公司的傳承架構下，再搭配家族憲法或信託的方式，妥善規劃家族傳承事務。

▶ 境內／境外信託

現今有許多家族企業主會透過信託的方式，安排家族資產的分配與傳承。在信託的架構下，家族企業主（委託人）可以為其家族成員、親屬，乃至於自身的利益，將其股權、不動產或金錢等重要財產，利用信託架構的設計，在特定框架中交付受託人管理，以保障家族成員、親屬或自身生活。

因此家族企業的企業主可透過信託的規劃設計，將其所持有的股權交付予受託人設立信託，並將股份的表決權保留給特定的家族成員或家族的委員會行使，一方面可以讓家族後代子孫享有信託受益權外，也同時能防止家族企業的股權會因為家族成員的死亡，或其他不可預見的情形導致企業股權分散。

▶ 公益信託

許多家族企業即是藉由公益信託的方式，由家族成員將家族企業股份捐贈給公益信託的受託人，一方面藉由信託股權所獲配的股息股利參與公

家族企業的傳承應該盡早規劃。

益活動，以回饋社會的方式提升企業的形象，另一方面也藉由公益信託的
架構將家族企業股權鎖在公益信託中，使家族得以長期保持有家族企業的
所有權。

　　必須特別注意的是，以上的各種傳承工具皆各有其利弊，家族企業主
在選擇傳承工具時，必須考量家族企業的產業屬性、企業體質、後代家族
成員是否有接班意願等因素。但無論如何，如何讓家族企業能夠永續經營，
基業長青，是家族企業主們必須提早審慎思考及規劃的事情。

11 家族企業的治理
——家族憲章和家族理事會說明

王雪娟／寰瀛法律事務所資深合夥律師
林禹維／寰瀛法律事務所律師

　　許多人對於家族企業或許存在一種誤解，認為中小型的企業、經營效率低、甚至是經營不善。但事實上，全球充滿了各種型態跟大小的家族企業，且有些家族企業在營運上甚至表現得比非家族企業更好，企業的生存期間更長。當家族企業的規模日益龐大，企業經營的分工與家族成員的人數也會逐漸趨於複雜。

▶ **家族企業的治理**

　　在此同時，家族企業成員間即可能開始有許多衝突發生，這些衝突可能來自於企業繼承人的選擇、家族之間的競爭或有關薪酬和股利政策的爭執。企業也可能因為家族成員間的衝突導致在商業上有錯誤決策，以及家族成員之間永無止盡的權力鬥爭，最終導致家族企業以倒閉或家破人亡收場。為了解決這個問題，家族治理（Family Governance）概念遂因應而生，這個概念源自於將「家族」與「企業」事務區分：在企業方面，透過公司治理（Corporate Governance）落實公司發展的機制；而在家族方面，則可通過家族治理達到家族代際傳承與發展壯大的目的。**（註 1）**

　　許多擁有百年歷史的家族企業，會制定「家族憲章」跟設立「家族理事

---

1 ｜ 鐘喜梅，家族治理的迷思與對承傳的意義，中國家族企業傳承報告，中信出版社，2015 年 11 月，頁 355。

會」，作為家族解決紛爭、凝聚向心力與溝通的方式。因此，為了成功治理家族企業，家族宜建立一套為家族提供獨有、明確願景的規章，明定參與企業經營的家族成員、代際傳承時期的安排、處理所有不論是否參與家族企業經營的家族成員期望，以及家族如何與企業和企業經營者互動的治理制度。

▶ 家族憲章

當家族和家族企業經過一或二個世代的傳承後，參與家族企業經營的人會自然而然的逐漸增加，家族成員之間對於家族事業的期望也會有更多的分歧，因而產生衝突。為處理這類事件發生，許多家族會開始訂定「家族憲章」，以作為闡述家族成員與家族企業之間的關係，與界定家族企業的經營策略的文件。家族憲章中通常會訂有「家族宗旨、理念及使命」、「家族治理結構」、「家族股權」、「家族企業傳承及人才培育」、「違反家族憲章之處置」等規定，以作為處理家族過渡時期或是有突發事件時，家族成員間的規範準則。但必須注意，因家族憲章對於家族成員間原則上不具有法律上的約束力，其是否可執行，取決於家族成員間的自我約束與彼此間的信賴。故於家族傳承實務上，可將家族憲章搭配閉鎖性股份有限公司或家族信託的規劃，以強化家族憲章對於家族成員間的拘束力。

▶ 家族理事會

在家族治理上還有一個很重要的目的，就是提供家族成員在家族與企業之間相互溝通的管道，使彼此互相了解、建立共識。因此許多家族會設立家族理事會，藉由定期的家族成員聚會一起討論家族跟企業所產生的議題，並由家族理事會作為家族戰略跟規劃部門，同時也作為貫徹家族憲法制定的家族價值觀，以制定家族政策方向及作為家族之間溝通的管道。（註2）

---

2 │ See Peter Leach, Family Councils A Practical Guide, Institute for Family Business, available at http://www.ifb.org.uk/media/1594/ifb_family_council_guide_web_290615.pdf. (last visited Nov. 25, 2017).

12 被停止營業了
──網站還可以繼續營運？

鄧輝鼎／寰瀛法律事務所助理合夥律師

　　隨著線上數位商機持續擴大，許多商家除了原有的實體店面，也陸續轉型擴展線上商機，同步整合實體及數位行銷，而在網路交易訊息隱密特性下，也常衍生短漏開統一發票逃漏稅捐的情形。

▶ 數位商機　店家小心漏開發票

　　依加值型及非加值型營業稅法（下稱營業稅法）第 47 條、第 50 條至第 53 條，商家如有以下違規，除罰鍰外，國稅局還可對其為停止營業處分。例如應使用統一發票而不使用、將統一發票轉供他人使用、拒絕接受營業稅繳款書、逾期 30 天仍未繳稅、未依規定申請稅籍登記就營業、短漏報銷售額、或 1 年內經查獲 3 次短漏開統一發票等。

　　一旦商家違規遭國稅局命停止營業時，依令停業自無爭議。但如私下透過網路或其他電子方式繼續營業的話會如何？

▶ 停業後網站仍營運　小心怠金

　　財政部為防止這類取巧的事件發生，2021 年 11 月 1 日修正「財政部各地區國稅局辦理營業人停止營業處分作業要點」（下稱作業要點）第 5 點規定，營業人於受停止營業處分期間，應停止一切銷售行為及網路交易

只要拿起信用卡，就能輕鬆在網路訂購商品。

功能，如果商家於受停止營業處分期間仍繼續營業，依作業要點第 7 點規定，國稅局將依行政執行法第 30 條規定處以怠金，倘經處以怠金仍不停止營業，則依行政執行法第 31 條規定可以連續處以怠金，並依情節輕重分別規定怠金裁處金額為第 1 次 5 萬元、第 2 次 15 萬元、第 3 次（含）以上 25 萬元。

怠金，其實並不是非處罰，而是對違反停止營業處分的商家處以一定數額的金錢，使商家在心理上發生強制作用，間接督促其自動履行之強制執行手段。只是需注意，因怠金屬於金錢給付義務，如逾期未繳，國稅局是可以移送法務部行政執行署強制執行。

▶ 強制執行封網有可能

　　一般而言，國稅局會將停止營業處分公告張貼於商家實體店面明顯處，且視情形尚得依營業稅第 53 條第 2 項規定請警察機關協助，是以就實體店面停業處分的執行較無疑義。但是網路商店等該如何處理，可以採取如阻斷網頁或封鎖網址，這些直接強制方法來執行嗎？

　　所謂直接強制方法是指國稅局以實力直接強制商家實現與履行停止營業的最後手段，為充分保障商家的權益，原則上應遵守間接強制優先於直接強制。但行政執行法第 32 條規定，經間接強制不能達成執行目的，或因情況急迫，如不及時執行，顯難達成執行目的時，得依直接強制方法執行之。所謂間接強制不能達成執行目的，例如經處以怠金多次以上，義務人仍不履行其義務等情形，即屬之。例如先前安博盒子遭斷訊的案例，封網在技術層面應屬可行。因此如果商家對國稅局的停業處分取巧透過線上繼續營業，的確有被封網的可能。

▶ 數位經濟時代　封網非主流

　　然而，網站封鎖涉人民權利限制，應有法律保留原則的適用，現行財政部掌管的法律並未見定有相關條文，應不得為之。況且，直接強制具有直接性與最後手段性的特質，執行方法是否妥當，攸關人民權益甚鉅，應特別注意行政執行法第 3 條及行政程序法第 7 條比例原則，選擇適當且對義務人損害最少之方法為之，並不得逾越達成執行目的必要限度。

　　如果國稅局得以封網方式達成停止商家營業的目的，所造成的損害為可能致使商家網站內未涉違法的內容，同遭封鎖，也恐有手段所造成損害與目的欲達成利益顯失均衡的疑義，而與比例原則不符。

線上購物幾乎變成現代人生
活的一環。

　　為因應數位經濟現狀，財政部修正作業要點中與停止營業相關規定，要求商家在受停止營業處分期間，應停止一切銷售行為及網路交易功能，並明定除實體店面外，網路上也不能賣。但如商家透過網路堅持營業，會被封網嗎？或不至如此，但荷包消瘦則難以避免。

13 新修正企業併購法
——彈性、友善與再強化股東權益保障

王雪娟／寰瀛法律事務所資深合夥律師
陳宣宏／寰瀛法律事務所資深律師

在 2021 年將近尾聲之際，行政院通過經濟部所擬定的企業併購法修正草案，嗣立法院於 2022 年 6 月三讀通過修正案。本次修正重點有：針對非對稱併購要件的放寬、擴大企業併購時相關租稅優惠措施，以及就司法院大法官於 2018 年 11 月 30 日做出釋字第 770 號解釋認現行體制於企業併購時對股東保護不足，而增加企業合併時對股東資訊揭露義務及反對合併股東的收買請求權等。以下根據企併法新修正理由，逐項簡要介紹。（此次新修正部分條文於 2022 年 6 月 15 日公布後，6 個月後施行）

▶ 非對稱併購要件的放寬

於原企業併購法（下稱企併法）規範下，雖已允許企業間為非對稱併購，但是必須同時滿足「併購公司併購所支付股份，不超過其已發行股份 20%」，且「其支付現金及其他資產對價總額不超過淨值 2%」兩要件，才能無須經股東會決議，而僅由董事會以特別決議方式進行併購。

然而，自將此「非對稱併購」制度的國外法例引進台灣數年來，於實務操作時，常有要件不易達成而無法於企業併購時展現彈性與效率的情況，故新修正企併法第 18 條規定，將非對稱併購不須經過股東會決議的要件放寬，改為併購的一方企業僅需滿足「併購公司所支付股份不超過其已發行

股份 20%」，或「併購公司所支付股份、現金及其他資產對價總額，不超過併購公司淨值 20%」二者其中之一，原則上即得作成合併契約，並直接由董事會以特別決議方式進行併購程序；且此修改後較具彈性的併購要件，於股份轉換（新修正企併法第 29 條，得作成轉換契約）或分割（新修正企併法第 36 條，得作成分割計畫）的情形，也可以採用。

於此一關鍵併購要件放寬下，可更增添健全體質企業組織調整的可能性，並且讓其更能迅速進行，以免錯失稍縱即逝的商機。

▶ 擴大租稅優惠措施

1、公司為併購而取得的無形資產，得按實際取得成本於一定年限內平均攤銷。

企業併購通常為各個公司增加其競爭力、強化體制，並健全其組織長久發展的重要手段，因此，當公司進行併購時，如其取得成本大於取得淨資產公平價值的取得溢價，則必須按財務會計處理程序認列為可辨認的無形資產後，餘額再認列為商譽。

為了將會計處理程序務實體現於併購實務上，新修正企併法第 40 條之 1 規定，明定公司因合併、分割或依企併法第 27 條及第 28 條規定收購營業或財產而取得具有「可辨認性、可被公司控制、有未來經濟效益及金額能可靠衡量」的無形資產時，得按實際取得成本於一定年限內平均攤銷，以使企業於併購時更具拓展市場能力。

2、被併購新創公司的個人股東所取得股份對價，依所得稅法規定計算的股利所得，可以全數選擇延緩至次年度起第三年課徵所得稅。

政府為優化新創事業投資環境行動方案，創造友善企業併購新創事業

環境，於考量新創公司個人股東雖有併購意願，但因衡量其公司體制穩健度及股東個人的經濟能力，可能未必於併購當年度繳納所有稅款，導致影響併購案的進行，而對促經商業活絡造成阻礙，新修正企併法特別針對被併購新創公司的個人股東設置稅賦優惠規定，即該消滅公司、被分割公司如果是下列情況：

自設立登記日至其決議合併分割日未滿五年的未公開發行股票公司，如因合併而消滅、被分割，因此使其個人股東取得：

（1）合併後存續或新設的公司股份

（2）分割後既存或新設的公司股份

（3）外國公司股份時，得依所得稅法規定計算之股利所得，選擇全數延緩至取得次年度之第三年起，分三年平均課徵所得稅（新修正企併法第44條之1等1項規定），以落實促進友善併購新創公司環境的最高宗旨。

▶ 強化股東權益保障

1、董事於股東會召集通知揭露自身利害及贊成或反對併購的理由。

據司法院大法官釋字第770號解釋，為加強股東及時獲取併購對公司利弊影響及與董事有關利害關係的資訊，故新修正企併法第5條第4項規定，明定董事就併購交易的自身利害說明及贊成或反對併購決議的理由，應於股東會開會通知時（即召集事由中）揭露，以便落實事前實質保障股東知悉相關重大資訊權益的目標。

2、出席股東會投票反對併購案的股東得行使股份收買請求權。

原企併法雖規定公司併購時，得依第11條規定修改章程記載股份轉讓或股票設質的限制，使於股東會集會前或集會中，已以書面或以口頭

企併法修正草案
——彈性、友善與再強化股東權益保障

新創公司常由幾個志同道合的人共創。

表示異議,並經記錄而放棄表決的股東,得請求公司按當時公平價格,收買其持有股份,但並未針對實際出席股東會且未放棄表決權而投票反對併購案股東立有相同保障。

因此為了服膺釋字第 770 號解釋所認,應確實對未贊同併購案股東設置有效的權利救濟機制,新修正企併法第 12 條第 1 項第 1 款規定,將出席股東會且積極表態反對併購案決議的股東,也一併納入此制度的保

障，使該股東亦得請求公司按當時公平價格，收買其持有股份，以達實質公平保障反對併購案股東的初衷。

3、公開發行公司股東就併購決議事項得成立表決權信託契約，並應於股東常會 60 日前，股東臨時會 30 日前將相關資料送交公司辦理登記。

公司法第 175 條之 1 第 3 項雖明文排除公開發行股票的公司適用表決權信託契約規定，然企併法於 2002 年制定公布時，因參考外國法例，且為鼓勵公司或股東間成立策略聯盟等理由，並未就公開發行公司排除適用表決權信託契約。

故為解決前述法律規定不一致而引發爭議，新修正企併法遂明定無論是否為公開發行公司，均可針對併購決議事項成立表決權信託契約，且企併法關於公開發行公司股東，就併購決議事項得成立表決權信託契約的規定，優先公司法規定適用（新修正企併法第 10 條第 4 項）。

至於公開發行公司表決權信託契約等相關資料送交公司辦理登記期間，則參照公司法第 165 條第 3 項規定，明定為股東常會 60 日前，股東臨時會 30 日前（新修正企併法第 10 條第 4 項）；非公開發行公司則為股東常會 30 日前，股東臨時會 15 日前（新修正企併法第 10 條第 3 項）。

此次已修正公布的新新修正企併法，除明確落實對表態反對併購案股東權益保障，而增設如資訊獲悉及權利行使等保障，也同時就公司間為經營而推行如併購等各種組織調整時，提供更務實、便利且有效率的方式，希望公司間的整併於將來法規範架構下，能更有秩序地運作，也不至於使公司間因相關法律條件過苛，而阻礙把握絕佳商機的可能性。

企併法修正草案
——彈性、友善與再強化股東權益保障

科技大廠藉著不斷合併新創公司取得技術或專利近年來時有所聞。

14 ESG 也有地雷？

黃國銘／寰瀛法律事務所策略長兼資深合夥律師

ESG，是近來最熱門、人人朗朗上口的話題！

基金若能標榜 ESG，在現今 ESG 當道的年代，就具備一定的吸引力，也因如此，若現在搜尋 ESG 相關的基金，絕對超過 20 檔以上！若從公司治理的角度觀察，這些與 ESG 有關的基金，某程度肩負著「盡職治理」的重要角色，也就是企業若要吸引機構投資人注資，絕對需要在 ESG 方面加強才能在資本市場獲得青睞。

▶ ESG 正夯　小心漂綠陷阱

必須提醒的是，部份投信、投顧業者只在基金表面上「漂綠」（greenwashing）。所謂「漂綠」，簡單來說就是只把 ESG 當成行銷話語，而非真誠地承諾與關注。舉例來說：假設某基金管理團隊已經設定了與 ESG 相關標的篩選程序與標準（並且對外募集與說明），實際上管理團隊卻在進行投資標的選擇與討論時，選擇了最近股價飆得很凶且有潛力的公司，但這間公司在環境保護方面卻是惡名昭彰。

2022 年 5 月 23 日，紐約梅隆投資顧問公司（BNY Mellon Investment Adviser, Inc.）就因在 ESG 方面刻意忽略、甚至不實的陳述，也就是公司透過明示與暗示的方式，向投資人表示該檔基金已經通過 ESG 的嚴格檢視，

然而實際卻沒有。美國證券交易委員會（SEC）便因此對該公司處以美金
150 萬的罰金。值得附帶一提的是，美國證券交易委員會已於 2021 年 3 月，
在執法部門（The Division of Enforcement）下成立了氣候與 ESG 專責單
位（Climate and ESG Task Force），以時時關注投信投顧業者在這面向對
資本市場的可能影響。

▶ 假裝 ESG 相關　可是有法可罰

在台灣，會否有相同的地雷與問
題？證券投資信託及顧問法第 8 條第 1
項規定：「經營證券投資信託業務、證
券投資顧問業務、全權委託投資業務、
基金保管業務、全權委託保管業務或其
他本法所定業務者，不得有下列情事：
一、虛偽行為。二、詐欺行為。三、其
他足致他人誤信之行為。」；同條第 2

基金若能標榜 ESG，常能吸引更多
投資者投資。

項規定：「證券投資信託事業、證券投資顧問事業、基金保管機構及全權
委託保管機構申報或公告之財務報告及其他相關業務文件，其內容不得有
虛偽或隱匿之情事」，如果違反上述第 8 條第 1 項規定，可能會遭處 3 年
以上 10 年以下有期徒刑（參考同法第 105 條），而違反第 8 條 2 項，則可
能面臨 1 年以上 7 年以下有期徒刑（參考同法第 106 條第 3 款）。

ESG 攸關人類的未來，是世世代代的事情，同時，也是現今公司治理
理念不斷強調與進步的方向。然而，在乎 ESG 絕對不能流於形式，淪落成
企業追求獲利與績效的工具。期盼企業能真正回歸初心，想想未來的世代
及同甘共苦的員工，所有人共同形塑至今的美麗社會與環境，一起攜手共
創未來！

15 赴陸投資三要件
——記得向主管機關申報

黃國銘／寰瀛法律事務所策略長兼資深合夥律師
蔡錦鴻／寰瀛法律事務所律師

由於赴陸投資受到兩岸人民關係條例管制，在許多情況下須經投審會許可才能進行。然而，什麼情況須取得許可？又要如何取得？依據「在大陸地區從事投資或技術合作審查原則」第 3 條，管制方式根據投資累計金額分成三種：事後申報、簡易審查及專案審查。

▶ 三種審查的界定條件

當「個案累計投資金額」於 100 萬美元以下，投資人只要在投資行為實行後 6 個月內向投審會「事後申報」即可，這種情況不用取得許可就能投資。若是「個案累計投資金額」於 5,000 萬美元以下，或者逾 5,000 萬美元但非屬專案審查的案件則屬於「簡易審查」。

當個案累計投資金額「每逾 5,000 萬美元」時，投資人就須提出「專案審查」。這裡規定的是「每逾」，也就是以 5,000 萬美元為一個區間（5,000 萬、1 億以此類推），「每次累計超過 5,000 萬美元」就須提專案審查。

為了讓讀者清楚管制模式以免觸法，以下舉 3 個例子提供參考。

·事後申報轉事前審查（個人、中小企業須特別注意）

我國籍 A 投資人投資大陸 B 公司 10 萬美元，投資個案累計投資金額未逾

100 萬美元，僅須於投資行為實行後 6 個月內申報即可。數月後，A 投資人再對 B 公司投入 20 萬美元設備，投資個案累計金額 30 萬美元，A 投資人須「再次」向投審會提出申報。

之後 A 投資人又投入 B 公司價值 75 萬美元的原料供應生產之用，因個案累計投資總額達 105 萬美元，已超過事後申報的 100 萬美元門檻，故 A 公司應於投資前向投審會申請「簡易審查」，通過許可才可進行。

· **簡易審查轉專案審查**

我國籍 C 投資人投資大陸 D 公司 2,000 萬美元，投資個案累計總額逾 100 萬美元但尚未超過 5,000 萬美元，故 C 投資人應於投資前申請「簡易審查」。半年後，C 投資人再對 D 公司投入 3,500 萬美元，投資「個案累計金額為 5,500 萬美元」，故 C 投資人實行投資前，應向投審會申請「專案審查」而非「簡易審查」。

一個月後，C 投資人對 D 公司又投入價值 1,000 萬美元的技術資金，投資僅須事前申請「簡易審查」，雖然投資金額累計達 6,500 萬美元，但未符合個案累計投資金額「每逾」5,000 萬美元的必要條件，所以投資屬「5,000 萬美元以上但非屬專案審查案件」。換言之，當 C 投資人之後累計投資大陸地區的 D 公司超過 1 億美元時，須於該次投資申請事前「專案審查」。

· **多層次投資架構的赴陸投資**

我國籍 E 投資人持有我國籍 F 公司股份 25%，F 公司持有外國籍 G 公司股份 12%，E 投資人為 G 公司的董事。外國籍 G 公司投資大陸 H 公司 90 萬美元，我國籍 F 公司須於 G 公司實行投資後 6 個月內申報，因為 F 公司「直接投資第三地區公司且股份超過 10%」，故外國籍 G 公司的投資是屬於「在大陸地區從事投資」（參考投資行為之第 5 種態樣）。

另一方面，我國籍 E 投資人也須申報，因為對 E 投資人而言，F 公司投資外國籍 G 公司是屬 E 投資人間接投資 G 公司，也因 E 投資人身為 G 公司董事，故 E 投資人符合「臺灣地區人民間接投資第三地區公司並擔任董事或相當職位」的要件，G 公司對 H 公司的投資是屬「在大陸地區從事投資」，E 投資人須於投資行為後的 6 個月內申報。

知法熟法

· 「在大陸地區從事投資或技術合作審查原則」第四條

申報或申請在大陸地區從事一般類項目之投資案件，相關主管機關應按下列方式辦理：

（一）投資人符合下列規定之一者，得以申報方式為之，並應於投資實行後六個月內，備齊在大陸地區從事投資或技術合作許可辦法第九條第一項規定之文件，向主管機關申報：

　1. 投資人個案累計投資金額在一百萬美元以下。

　2. 投資人每年受配大陸地區投資事業盈餘轉增資該事業之金額在一百萬美元以下。

（二）簡易審查案件：

　1. 簡易審查案件指個案累計投資金額符合下列規定之一者：

　　（1）五千萬美元以下。

　　（2）逾五千萬美元，但非屬第三款專案審查案件。

　2. 簡易審查方式應針對投資人財務狀況、技術移轉之影響及勞工法律義務履行情況及其他相關因素進行審查，並由主管機關會商各相關機關意見後，逕予准駁。

　3. 有特殊必要時，得提經濟部投資審議委員會委員會議審查或改採專案審查。

如前所述，當 G 公司投資個案累計金額逾 100 萬美元，或個案累計每逾 5,000 萬美元時，E 投資人及 F 公司均須申請事前簡易審查或專案審查。

投資人疏忽沒有每次提出申報、申請審查取得許可，或者申請審查的類型不符規定，上述疏忽都可能導致行政罰乃至刑罰，應該注意並正確申報及申請。

4. 主管機關於投資人備齊完整文件後一個月內未作成決定，則該申請案自動許可生效，主管機關並應發給證明。

(三) 專案審查案件：投資人個案累計投資金額每逾五千萬美元者，由主管機關會商相關機關後，提報經濟部投資審議委員會委員會議審查，其審查項目如下：

1. 事業經營考量因素：包括國內相對投資情形、全球化布局、國內經營情況改變及其他相關因素。

2. 財務狀況：包括負債餘額、負債比例、財務穩定性、其集團企業之財務關聯性及其他相關因素。

3. 技術移轉及設備輸出情況：包括對國內業者核心競爭力之影響、研發創新佈局、侵害其他廠商智慧財產權之情形及其他相關因素。

4. 資金取得及運用情形：包括資金來源多元化、資金匯出計畫、大陸投資資金匯回情形及其他相關因素。

5. 勞工事項：包括對就業之影響、對勞工法律義務之履行情況及其他相關因素。

6. 安全及策略事項：包括對國家安全之可能影響、經濟發展策略考量、兩岸關係及其他相關因素。

16 大陸投資和技術合作的差別

黃國銘／寰瀛法律事務所策略長兼資深合夥律師
蔡錦鴻／寰瀛法律事務所律師

目前政府、法令對兩岸間投資管控仍屬嚴格的情形下，企業赴陸若稍有不慎，將可能面臨高達新台幣 2,500 萬的罰鍰或 2 年以下有期徒刑，藉著以下內容，給企業一些分析與建議。

▶ 投資項目分為三類

就所謂的「投資項目」，經濟部區分為「禁止類」與「一般類」。「禁止類」部分，經濟部有公告「大陸投資負面表列－農業、製造業及服務業等禁止赴大陸投資產品項目」（下稱負面清單）。「一般類」其實就是「禁止類」外的其他項目。

必須提醒企業的是，某些項目（產業）出現在負面清單的文件裡，容易讓人誤解屬於禁止類，但其實不是，而是這些項目（產業）有特殊的「審查原則」。企業宜詳細檢視欲投資的產品項目，只有非「禁止類」，才能進行投資與技術合作。

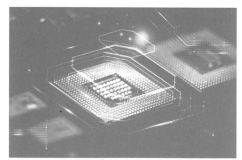

晶圓代工成熟製程的部份，曾是赴陸投資的台灣廠商選擇之一。

▶ 「投資」行為 6 種情形

一、創設新公司或事業。

二、對當地原有之公司或事業增資。

三、取得當地現有公司或事業的股權（但不包括購買上市公司股票）。

四、設置或擴展分公司或事業。

五、直接或間接投資第三地區公司或事業，並擔任其董事、監察人、經理
人或相當職位，或持有其股份或出資額超過 10%，而該公司或事業有
前述四項行為之一者。

六、取得外國發行人在臺灣地區上市、上櫃或登錄興櫃公司的股票，而該
外國發行人在大陸地區有首開四項行為之一者。

　　前 4 種情形在法條文義上較為清晰易懂，企業在適用上應較無疑義。
但是最後 2 種態樣，因涉及組織架構調整、交叉持股、關係企業等佈局，
建議企業仍須詳加分析主管機關的解釋與過往案例，以免採雷。

▶ 2 種「技術合作」

一、直接或間接轉讓或授權專門技術、專利權或電腦程式著作權與大陸地
區人民、法人、團體或其他機構。

二、在大陸地區從事投資，曾經主管機關召集組成的關鍵技術小組審查通
過並經投審會許可者，其轉讓出資與大陸地區人民、法人、團體或其
他機構，視為技術合作。

▶ 沒有涉及實質性技術外流的情形

　　上述管制的背後目的無非在避免技術外流，因此經濟部投審會在「常

見問答集」中特別提到「以下情形，無涉及實質性的技術外流，無須提出申請」。

1. 台灣業者依據大陸業者所提供的規格設計、製造，完成後大陸業者最終獲得，是一商品及一般商業行為服務提供下的輔助行為。

2. 台灣業者依據與大陸業者簽訂的產品開發合約，進行產品設計及附隨的輔助行為（例如背景知識產權授權），如果中國大陸業者無實質參與至產品的設計及相關研發流程者。

3. 台灣業者為音樂作品、影劇作品、書籍作品、電玩遊戲等產品出版商，提供數位化的音樂作品、影劇作品、書籍作品、電玩遊戲等產品授權在大陸業者所屬網站平台提供下載收費，授權著作權予大陸平台業者，為該行業營運模式，不涉及著作權實質授權或移轉。

4. 大陸子公司受台灣母公司委託研發服務，台灣母公司為此授權若干技術予大陸子公司，大陸子公司開發成果歸台灣母公司原始取得。

5. 大陸子公司為台灣母公司提供維修等售後服務予大陸客戶，母公司為此授權大陸子公司使用若干技術。

　　台灣企業在進行赴陸投資或技術合作時，應特別留意法令遵循層次，並尋求法務團隊或外部顧問的建議，以免採到紅線而影響營運，甚至身陷刑責可是得不償失。

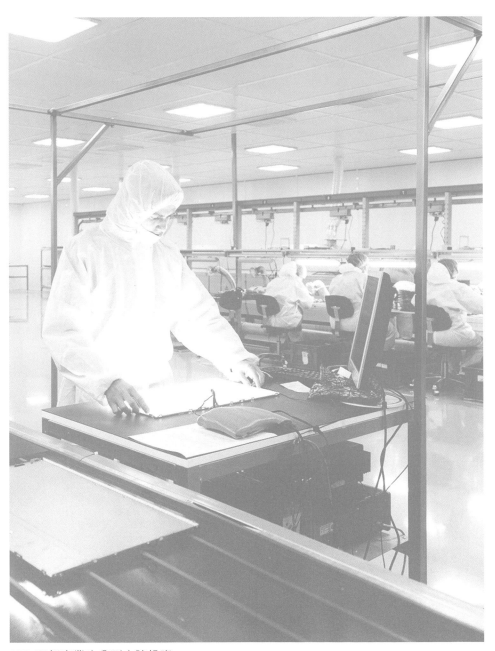

LED 面板產業也曾到大陸投資。

17 數位經濟下的競爭法變革 ——交易型雙邊平台的市場界定

李立普／寰瀛法律事務所執行長
蔡錦鴻／寰瀛法律事務所律師

今年（2022）1月22日，台灣公平交易法學會及行政院公平交易委員會，舉辦「歐美近年競爭法重要案例研析學術研討會」，該次研討會的議題是以數位經濟為主軸，探討數位經濟、平台經濟商業模式蓬勃發展之下，公平交易法（競爭法）是否及如何調整因應競爭的創新。

公平會於同年3月3日即發布「數位經濟與競爭政策白皮書（初稿）」，近日也已完成徵詢公眾意見待定稿發布。數位經濟下競爭法是否需調整適用，儼然為近年競爭法的熱門議題。

▶ 交易型雙邊市場是什麼？

「雙邊市場」在學理上有許多類型，與之相應的各類「雙邊平台」不斷出現創新的商業模式，其中「交易型雙邊平台」是目前討論競爭法是否需調整適用的主要類型之一。所謂交易型雙邊平台，是指讓雙邊市場的兩群體得直接、同時達成交易為目的之平台，例如 Uber、蝦皮、momo 購物網等，通常具有間接網路效應（雙邊市場一邊使用者數量之上升／下降，將影響平台對另一邊使用者之價值上升／下降）、價格結構的不對稱性（平台對兩端使用者的收費視為一整體，平台對兩端使用者的價格分配會影響平台使用量、交易量）之特徵。

數位時代下商業模式不斷革新,交易型雙邊市場常互相影響。

　　以線上拍賣平台為例,使用者包含商家與消費者兩個可分的群體,屬
於雙邊市場,且平台是以商家與消費者間直接、即時交易的交易型雙邊平
台。當平台上的商家越多,對消費者而言該平台將因商品多樣而越有價值。

▶ 交易型雙邊平台的市場界定

　　另一方面,若消費者越多,對商家而言因交易機會上升而平台也更有
價值,具有間接網路效應。此外,平台為吸引商家或消費者加入,帶動另
一端潛在使用者,可能會對某一端進行補貼,例如刊登費用、運費補貼等,
而補貼暨其他成本均將分配於兩端使用者,其價格結構(整體成本分配予

兩端的比例）設定將會影響兩端使用者（及潛在使用者）使用平台的意願、交易量。基於這些特色，交易型雙邊平台雖處於雙邊市場，但兩端的關係緊密，從而產生雙邊平台的市場界定應為一個或多個問題，進而影響對競爭行為的評價。

關於交易型雙邊平台的市場界定，學界熱烈討論美國 2018 年 Ohio v. American Express 案，多數意見考量交易型雙邊平台的特性，將此類雙邊平台界定為單一相關市場。但也有學說認為，若雙邊平台兩端使用者交易的商品相同，例如：樂天、agoda、line taxi 等，就認為該雙邊平台為一個相關市場，此見解乃從商品／服務的同一性進行市場界定，與前一觀點立論不同。因此，雖然理論基礎不同，將交易型雙邊平台界定為單一相關市場，似乎是目前趨勢。

▶ 考量「受影響端」與「受益端」的整體效益

更進一步延伸，若界定交易型雙邊平台為單一相關市場，則在評價個案是否減損競爭效用時，即不會僅關注雙邊市場中受到影響的一端，而應

· 損失領導物：

英文：Loss Leader，是刻意將商品的價格訂得比成本還低的促銷手段，是透過低價吸引顧客，再透過顧客購買其他商品來增加利潤。

考量「受影響端」與「受益端」的整體效益。換言之，雖然平台提升某一端的成本常使該端發生不效率，但因交易型雙邊平台的特性，此時可能更大程度地提升另一端的利益，故若整體效用仍然提升，相關行為即不會被評價為限制競爭行為。

　　以掠奪性定價為例，雖然交易型雙邊平台對一端使用者經常有零元定價或極低價格的策略，對另一端則可能收取遠高於提供服務成本的價格，但在同時考量雙邊市場成本的情形下，零元定價不必然等同限制競爭的掠奪性定價，而對另一方收取高於成本許多的價格，則需考量是否是為吸引使用者、平衡雙邊市場成本所為，並不一定是可非難的行為。

　　數位時代下商業模式不斷革新，競爭法相關理論也在此過程中不斷演進，從市場界定到限制競爭行為的認定皆有別於傳統的新觀點，企業於進行商業模式評估時宜掌握競爭法趨勢，合法獲取利潤。

· 掠奪性定價：

英語：Predatory pricing，是指產品廠商或服務提供者刻意以低於生產成本的價格銷售該產品或服務，以期能排擠市場上的其他競爭對手，並達成控制市場的目的，然後再提高價格。

18 商業決策失誤 ——可能構成背信罪？

黃國銘／寰瀛法律事務所策略長兼資深合夥律師

公司在上市櫃後，常面臨股東對商業決策的質疑，若這些質疑來自市場派，則常演變為經營權爭奪戰。因此，常常令公司經營階層頭痛跟疑問的是，難道每個人都可以用背信罪追究我的商業決策？如果此次商業決策發生了損失，就一定會背信？如果動輒得咎，還有人願意冒著風險追求報酬？所有決策都只能接受零風險，公司還能成長與創新嗎？

▶ 什麼是違背其職務之行為？

背信罪有一個很大的疑問是：何謂「違背其職務之行為」？為使大家更清楚瞭解，以下區別成幾個層次說明：

1、判斷的首要在於此時是否有人牟取私益。背信罪常見的典型案例是利益輸送、掏空資產等，這些只是類型說明，實際上構成背信的判斷就是：是否有滿足個人私利而犧牲公司最佳利益？

2、檢視所涉之商業決策，有無相關之法令、章程、內規、契約等？如果您是董事，建議在開董事會前，請法務長或公司治理主管，先行提供或提醒這次討論議案所涉及的法令、內規、內部控制有哪些？譬如，涉及私募案，至少要看看證交法第43條之6；又如涉及不動產交易超過3億元時，也需留意一下「取得或處分資產處理準則」等規定；再如有無關係人交易時，

應該看看財務會計準則公報第六號等。

　　3、若所涉之商業決策，沒有相關之法令、章程、內規、契約等可以檢視時。是否表示這次交易沒有相關法律規定或內規，因此也不可能違反什麼規定，所以不會有背信？其實不然，司法機關仍會透過以下幾個標準來檢視：（1）有沒有盡到忠實義務？有沒有利益衝突？（2）是否符合商業慣行？就此點來說，什麼是商業慣行？或許有些空洞，不過，仍有一些常見的檢驗方式，譬如：A. 與同產業相比較；B. 與同公司的以往時期相比，此次交易條件是否相當？C. 交易雙方是否有經過公平對等的談判磋商過程？

　　4、商業判斷原則。在背信罪的法院戰場上，常見的說詞是：「這是我的商業判斷，法院不能介入。」得說明的是，商業判斷原則有其要件，也就是決策基於「誠實善意」、無「利益衝突」、已盡「合理注意」、「無濫用裁量權」等。從這些要件來看，大部分的風險性決策，有時雖然可能事後被認為是失誤或有損失，但若符合前開要件，則不會有背信的問題。不過，典型的利益輸送、掏空資產，當然沒有商業判斷原則的適用。此外，為滿足個人私利而犧牲公司整體利益當然無法援引此原則。

▶ 了解背信罪　經營更實切

　　在經營過程中公司必定會涉及大大小小的商業決策，若因對法律不瞭解或刑事責任的懼怕而裹足不前，也不是適當的經營方式，透過上述說明，能讓經營、管理階層更瞭解什麼叫做背信罪，從而能掌握與控制法律風險。

　　最後，仍建議公司若要進行重大交易、董事會進行議案的討論時，必須先行熟讀此次交易、討論案所涉及的相關法令、內規、內部控制等，才能瞭解該遵守的程序、該把關的內部控制，並且在有疑問時，適時地發言或留下記錄以保護自己。

第二章

營業秘密

隨著現在科技日新月異，一項先進製程的研發或專利出現，可能就攸關一家企業的命運，背後伴隨著巨大利益的產生或消失，因此營業秘密的外洩在近年時有所聞。營業秘密可能是專利的製程，或企劃書、腳本、財務報表文件，或是獨家醬料配方等等。企業的經營者唯有正視營業秘密的管理與保護，守護企業的 KNOW-HOW，才能維持企業的不敗競爭力。

CHAPTER 2

1 保護企業的競爭力 ——營業秘密的重要性

黃國銘／寰瀛法律事務所策略長兼資深合夥律師
謝佳穎／寰瀛法律事務所資深律師

近年來全球各大企業營業秘密外洩事件頻傳，尤其中國為拿下台灣在半導體產業的領先地位，更是無所不用其極地吸引利誘台灣員工「帶槍投靠」競爭事業，讓許多企業的營業秘密在人才移動的過程中遭到惡意竊取，不但損及企業自身的研發成果、影響市場公平交易秩序，更嚴重危及台灣高科技產業整體競爭優勢。

▶ 營業秘密外洩　損失可達數千億

回顧早年震驚業界的「梁孟松事件」，當時台積電為了抵抗敵營三星挖角，及防止營業秘密外流，向法院起訴請求禁止前資深研發處長梁孟松在三星任職或洩漏營業秘密，此舉雖最終獲判勝訴確定，但投奔敵營的梁孟松早在訴訟前就已經赴韓不回，此案衝擊台積電以數千億台幣研發經費打造的技術優勢，營業損失更是難以估計。

但保護營業秘密絕對不是只有大型科技公司需要注意，任何一間企業只要有技術領先或獨到之處，都有可能是營業秘密所在，稍不留神，動輒上億的營業秘密都將可能一夕蒸發。

如何守住營業秘密，是每個企業都應做好的基本工。

▶營業秘密三要件　釋明事項細填寫

　　依我國營業秘密法第 2 條的規定，得作為該法保護對象的營業秘密，限於具有「秘密性」（非一般涉及該類資訊者所知）、「經濟價值」（因其秘密性而具有實際或潛在的經濟價值）、「保密措施」（所有人已採取合理的保密措施）的資訊。綜觀過去的營業秘密爭議案件，企業最常犯的錯誤還是在於未能採取「合理保密措施」，除將導致損害結果發生外，更可能使應受保護的資訊未能成為營業秘密法保護的客體。

爲了保護機要機密，企業於印表機加裝套件，只有金屬紙張才能列印。

金屬紙張列印

企業爲了保護機密，當機密資料列印時，宜使用內含金屬的列印紙。萬一員工意圖攜出，就會被事前安裝的金屬探測門感應而得知。

　　觀諸 2020 年修正公布的〈檢察機關辦理營業秘密案件注意事項〉，其中第 5 點要求檢察官辦理重大營業秘密法案件，宜先由告訴人或被害人填寫「釋明事項表」，包含基本資料、受侵害的營業秘密名稱、內容與特性、營業秘密的估價價值、保護營業秘密的措施與方法，以及營業秘密的損害等，實際已將前述營業秘密三要件透過類型化的方式呈現，如企業能夠完整填寫「釋明事項表」，並可同時提出證據加以證明，表示企業平時對於營業秘密洩漏風險已有相當的準備，而可提升勝訴機率。故企業實可參考該「釋明事項表」關於「保護營業秘密的措施」所述相關內容，作為強化自身營業秘密管理機制的第一步。

▶ 預防重於事後追究

　　依據營業秘密法第 13 條之 4 的規定，跳槽員工如果侵犯前東家的營業秘密，而新東家對於新員工的侵權行為未盡力為防止行為者，亦有可能被科處高額罰金，因此，企業不僅須保障自身的營業秘密，也必須避免新進員工將前公司的營業秘密帶入新東家，讓企業無意間也得負擔侵害他人營業秘密的責任。

　　基於營業秘密「一經洩漏即喪失」的特性，事後的訴訟救濟恐怕都已緩不濟急。因此企業應視該資訊對公司的重要程度，以及洩漏後可能對公司造成的衝擊，於事前對應給予相當程度的保密措施，在訴訟階段也更能說服法院自身擁有的秘密屬於營業秘密的範疇。

　　正如同經歷「梁孟松事件」的台積電，已深刻瞭解到保護營業秘密的重要性，近年來陸續祭出各項嚴格的保護措施，包括只能用金屬紙張列印與直接偵測員工電子郵件和列印紀錄等，對於企業來說，滴水不漏的保護措施，除了保護營業秘密外，更是在保護台灣高科技產業的經濟命脈。

2　企業眞的知道什麼是營業秘密嗎？

黃國銘／寰瀛法律事務所策略長兼資深合夥律師

思考一下，員工或許因為挖角或其他因素而想跳槽，此時很有可能為了要能夠找到新的工作、或尋求更高的待遇，而拿走這段工作時間所累積的心血結晶。若這些所謂的心血結晶，恰巧是企業生存所繫的命脈（如關鍵技術等）？企業除可能因此失去競爭優勢外，更常見的是，企業可能因此一蹶不振。

▶ 守護意識未做好　營業秘密易洩漏

再想像一下以下場景：員工可以隨意使用私人隨身碟下載各部門資料、公務電子郵件寄送並無任何容量與對象的限制、各部門資料均可隨時列印帶走、研發部門的實體紙本資料隨意擺放在桌上、研發部門員工可以隨意使用照相功能手機、機台維修廠商到公司維修時並未受到區域與時間管制等。這些場景，是否常見？其實，這些都是常見員工竊取營業秘密的手法。

在與許多企業客戶聊到營業秘密時，常常很訝異的是，有些客戶認為公司內部「所有」資料都是營業秘密，有些則是對於什麼是營業秘密一知半解，在這樣對營業秘密認識不足的情形下，上述提到的場景發生，似乎不足為奇。

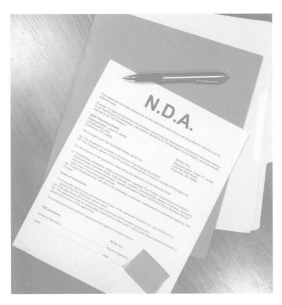

員工到職前簽訂保密
條款，只是守護營業
秘密的基本。

▶ 風險預防＋業務提升

　　或許仍有企業不以為意。然而，可以嘗試從兩個角度思考是否建立營業秘密保護制度：第一、風險預防；第二、業務提升之可能。

　　就風險預防來看，法務部調查局曾統計，自營業秘密法於 2013 年增訂刑事責任後，企業提告並自行估算的平均損失為新臺幣 20 億元，而在曾參與某些案件的經驗中，常常感受到的是客戶在案發後對於制度未能建立的懊悔以及對於重大損害已發生的無力感。另外，何謂業務提升之可能？舉例來說，近來有越來越多跨國企業或國內的大型企業，在選擇合作夥伴時，均以對方是否有建立合適的營業秘密保護制度作為考量因素，可以想像的是，譬如企業選擇的合作夥伴內部控制制度並不健全，該合作夥伴的員工

可以不費吹灰之力就能把該企業辛辛苦苦研發出來的產品資料洩漏給他人，那麼，若您為該企業的管理階層，會選擇該合作夥伴嗎？答案應可想而知。

▶ 瞭解和盤點資訊　分級管理

　　企業有意願進行營業秘密保護制度的建立，該如何做？對此，首要之務在於，好好「瞭解」、「盤點」企業內部所有可用於生產、銷售、經營的資訊。要說明的是，在這個階段，可能需要由企業的管理階層、法務主管、人資主管、資訊安全主管等，並協同專業的律師團隊，先行討論與草擬保護政策，同時，很重要的是，盡量讓企業內「所有」部門也能隨後一同參與討論，這樣的好處是，除了避免掛一漏萬外，更能瞭解各部門對於新制度建立的想法與難處，進而求得公司營運效率與風險預防間之平衡，畢竟，

**營業保密人資
制度設計**

到職前
・簽訂保密契約或條款等措施

在職時
・員工營業秘密保護意識的訓練與考核
・文件的實體與電子保護措施

離職後
・簽訂員工聲明書或切結書等措施

企業經常在員工離職
後簽署切結書。

總不能為了一味地追求制度的建立，反倒大大影響了企業日常之營運效率。

其次，就企業界定出的營業秘密進行分類與分級，並就不同類別、級別資訊，設計不同程度的實體與電子檔案的保護措施。除此之外，對於能夠接觸最重要營業秘密的部門員工管制上，亦可思考就以下三個時間點進行人資制度的設計。簡單的概念是，分別設計「到職時」的保密契約或條款等措施；「在職時」員工營業秘密保護意識的訓練與考核；「離職時」員工聲明書或切結書的設計等措施。最後，要能有定期追蹤與回饋機制，以使此等營業秘密制度能夠更貼切於該企業之營運模式與內部文化。

馬克吐溫曾經說過：「The secret of getting ahead is getting started.（中文：取得成功的秘訣就是開始。）」企業或許仍在猶豫是否建立與實施營業秘密制度，但如上所述，建立此等制度除可事前預防風險外，更有極大可能提升業務。而最重要的是，企業應能自我期許，藉由制度的建立，成為同業間的領先者與公司治理前瞻者。

3 居家辦公正夯 ──營業秘密應有的保護思維

黃國銘／寰瀛法律事務所策略長兼資深合夥律師

　　在營業秘密案件實務上，多數被告到了法院都會說：「公司從來沒有跟我說過這些資料是營業秘密啊！」「部門主管都叫我把資料帶回家繼續加班，我根本不知道這些資料很重要！」等等說詞。

▶ 掌握合理保護措施

　　姑且不論這些說法有沒有道理，但從這些說法可以某種程度瞭解：許多企業仍然未能清楚掌握何謂「合理」保護措施。所以員工可能直覺式地認為：保護這麼鬆散，這些資料怎麼可能很重要。另外，也可以發現某些企業對於組織內到底營業秘密有哪些，並不是很清楚。所以如果問問員工營業秘密在哪裡，員工可能也不清楚！

　　企業如何找出營業秘密？進而讓員工知道那些是公司的營業秘密而必須謹慎。營業秘密的盤點工作，有許多複雜的細節與步驟，此處僅簡要說明幾個重要、可行的要點：

1、不要只在研發部門裡找營業秘密：營業秘密實際上存在於各個部門裡，因此，要無遺漏地找出企業所有的營業秘密，需實際檢視公司組織架構，以釐清部門別與部門數量。

找出營業
秘密步驟：

1. 不要只在研發部門裡找營業秘密

2. 部門主管訪談

3. 盤點成果檢討

2、部門主管訪談：由於非法律人並不知道法律上所指的營業秘密是什麼，因此，有必要透過與各個部門主管訪談，讓主管瞭解何謂營業秘密後，再請其提供該部門可能的營業秘密有哪些。而在此一階段中，還有個相當重要的部份，瞭解各個部門主管對於將來建立保護措施後，可能造成工作效率上某些程度的影響，有何平衡兩者的想法。

3、盤點成果檢討：在盤點出最大範圍的營業秘密後，仍須進一步檢視有無遺漏與過度涵蓋。

盤點出營業秘密之後要考慮的是，要怎麼保護它（才能讓員工不至於說出「我根本不知道這是營業秘密」）？這階段就涉及實務運作上困難認定的事項，也就是：到底什麼是營業秘密的「合理」保護措施？對此，法院有見解認為：「必須營業秘密之所有人主觀上有保護之意願，且客觀上有保密之積極作為，使人瞭解其有將該資訊或技術，將其視為秘密加以保護之主觀要件，並將該資訊或技術，以不易被任意接觸之方式，予以控管」。

這樣的說法某程度依舊難以具體化。因此，企業若搜尋網路相關資訊，常會發現，保護措施好像有上百項，那我們每一項都要做嗎？我們一定要做到滴水不漏嗎？如果什麼措施都要實施，企業做事很不方便。

要回答上面的問題，仍然必須回歸前面提到的法院見解。也就是，企業必須對於經盤點後的營業秘密，透過客觀上的保護措施，而每一項保護措施某程度都足以讓員工瞭解，原來企業主觀上要把這些資訊當成營業秘密。

▶ 具體操作　三階段設計

具體操作上，建議企業可以以三階段加以設計：1. 員工到職前：可思考如何修正與設計聘僱合約、保密合約、競業禁止等；2. 員工在職中：有無員工訓練、實體與電子營業秘密的保護措施；3. 員工離職時：思考怎樣的交接程序、離職面談、離職切結才足夠。

上述三個階段的設計，有個重要的目的就是：一而再、再而三的「提醒」員工：營業秘密是什麼？營業秘密可能有哪些？如果涉及洩密，將有嚴重的後果。

新冠肺炎疫情越來越嚴重，企業普遍已經實施在家辦公，撰寫此文之目的在於：不希望企業在沉重面對疫情之際，還發生營業秘密遭不小心或刻意拿走的慘劇。而要提醒企業若要實施營業秘密保護的制度設計時，除了上述提到的盤點與保護三階段設計外，尚須留意不同產業有不同的保護程度、同一產業不同公司也有不同的組織文化，不需要一定一次做足做滿，可以循序漸進，同時，必須將營業效率納入思考，千萬不要為了一昧地實施所謂「完整的」制度，而扼殺了企業的營運彈性。

受到新冠肺炎疫情影響，不少企業讓員工在家工作，減少染疫的機率。

4 遠距辦公趨勢下，如何保護公司機密？

郭維翰／寰瀛法律事務所合夥律師

「2022 年上半年，一名 40 歲的紐約男子，從波士頓、芝加哥、溫哥華、亞特蘭大、邁阿密、舊金山等地方，『巡迴工作』了一圈，跟任何演出或會議無關。4 月底，他宣布旗下公司 6000 名員工「永久性遠距辦公」。這名男子是 Airbnb CEO 切斯基（Brian Chesky）。切斯基日前接受《華盛頓郵報》、《時代雜誌》、《華爾街日報》、《Inc.》商業雜誌等媒體專訪，大膽預測未來的辦公型態，聽起來，更與 Airbnb 後疫情的新商業模式，息息相關。」（摘錄自《天下雜誌》）（註 1）

過去一年多以來，受到疫情影響，許多企業開始採取混合和遠距辦公，即便目前全球已走向與疫情共存的趨勢，混合和遠距辦公仍將是未來的常態。但也因為遠距辦公，使得機密資料的流通不再限於公司內部，增加了外洩風險，因此，根據過去的實務經驗，提供企業一些基本建議，以因應遠距辦公的營業秘密保護。（註 2）

▶ 遠距辦公　保護營業秘密的小建議

遠距辦公的前提下，企業要保護營業秘密，建議可以採取幾個步驟。

1、盤點營業秘密：企業必須先了解自己有哪些營業秘密，才能知道哪些

1｜https://www.cw.com.tw/article/5121301（最後瀏覽日期，2022 年 6 月 15 日）
2｜可參考郭維翰於經濟部智慧財產局、財團法人中衛發展中心主辦之 111 年智慧財產權知識推廣訓練活動講座：「數位時代的營業秘密保護」的簡報。

資訊需要保護。至於盤點方式，必須針對各部門進行，因為機密資訊不見得只會存在於研發部門。例如：使用的特殊材料除了研發部門外，採購部門可能也會有相關資訊。因此，針對不同部門進行完整盤點，了解企業有那些機密資訊，這些資訊存放在哪裡？才能針對秘密加以保護。

2、**分級管理：**企業了解有哪些資訊需要保密之後，接著針對各項資訊依照重要性進行分級，以便針對不同程度的資訊，進行不同程度的管理及保密措施。

3、**規範制度的建立：**經過前述盤點、分級階段後，可能會區分出「涉及企業經營命脈的資訊」、「對公司營運有重大影響的資訊」、「對公司營運有影響的資訊」、「無法直接供營運使用但可做為參考的資訊」等不同等級的機密資訊。對於涉及企業經營命脈的資訊，建議在非特殊的情形下，仍然限制遠端存取；至於其他等級的機密資訊，則建議依照等級，視實際情況設定不同程度的使用權限（例如：檔案能否復製或僅能單純閱覽）及核決權限。

4、**內部控制及稽核：**企業要能透過系統或程式，確認可接觸極機密資訊的員工，針對機密資訊進行的各項使用，例如：下載、上傳、複製、檔案更名等所有動作，均能留下數位軌跡，並且建立稽核制度，針對各項數位軌跡進行稽核，以了解是否有異常操作的情形，預先防止企業機密資訊外洩。

　　遠距辦公在短期的未來內仍可能是一種趨勢，而因為不是在正式的辦公室內，員工往往會忽視一些規範細節，無意中可能因為便宜行事而違反公司的保密規範，造成無法挽回的後果，但有時員工只是對細節的忽略，並非有意違規。因此，透過員工的教育訓練，讓員工熟悉公司規範，將是遠距辦公趨勢下企業需更加注意的重點。

5　營業秘密管理與保護
——企業持盈保泰的秘方

郭維翰／寰瀛法律事務所合夥律師

　　中美貿易戰沸沸揚揚，雙方兵家必爭之地，已從過去專利侵權轉移到營業秘密竊取，其中甚至涉及國安問題。而臺灣因長期發展高科技，屢屢面臨競爭者以惡意挖角方式竊取營業秘密的威脅。有鑑於此，加強保護營業秘密早已成產官學界的共識。然而即便強化營業秘密保護的重要性為眾所周知，實際運作上，仍需要仰賴企業積極建立有效的保密措施及管理制度——這也正是企業最需要建立的觀念。

▶ 控管風險　慎防秘密流失

　　提到營業秘密的保護，某位曾擔任法務長的朋友特別有感。他說：「曾經有一位該員工在離職時，把公司內部的某項研發成果順便帶走，「老實說，那個研發成果並不是公司最厲害的技術，但重點是，那名離職員工後來拿那個研發成果去申請專利，反過來告公司侵害他的專利權！」最後，因為一個不慎流出的營業秘密，那段期間，企業法務長必須不停在法庭上回應對方的各種訴訟上的主張，同時公司還需要不斷向各個客戶解釋產品實際上並無侵害他人專利權的情形，徒增風險及困擾。

　　營業秘密法第 2 條所規範的營業秘密，必須符合秘密性（「非一般涉及該類資訊之人所知」）、經濟性（「因其秘密性而具有實際或潛在之經

無論管理制度及保密措施如何細緻，關鍵仍在人員的執行。

濟價值」），以及合理保密措施（「所有人已採取合理之保密措施」）三項要件。從法律條文的定義來看，無論是半導體廠的製程參數，或是百年老店的密傳醬汁配方，都可能符合上述三項要件而屬於營業秘密。

▶ 營業秘密　分級管理很重要

營業秘密的範圍很廣，但需要注意的是，任何保護措施都有成本，每個營業秘密的價值也都不同，不可能也不適合把所有營業秘密都採用同等規格的保護措施來管理。

　　所以執行營業秘密管理的第一步，建議可以先從將公司所有資訊作密等分級開始，再決定不同秘等分級所對應採取的的保護措施。舉例來說，可將公司資訊分為 A、B、C、D 四個等級，洩漏會造成公司營運危機的資訊列為 A 級機密；洩漏會造成公司實際損害的列為 B 級機密；洩漏「有可能」造成公司損害的先列為 C 級機密；其餘不用特別保密的則僅列為 D 級資訊。之後再根據資訊機密等級不同，採取不同的保密措施，例如：閱覽或傳遞權限的區分規範、密碼設定的要求、電磁紀錄的保存等。

▶ 關鍵在人　守密內化先知道

　　然而，不論管理制度及保密措施如何細緻，關鍵仍然在執行的「人」。舉例而言，常見 IT 人員依照公司保密制度規章要求技術人員設定含有大小寫英文、數字、特殊符號的密碼，並需定期更換，且更換時不得使用過去曾使用過的密碼，如果技術人員願意確實配合，當然可以達成高規格的防護措施；反之，
若技術人員陽奉陰違，將每次更換的密碼寫在便利貼黏貼於辦公桌旁，反而造成更高的機密外洩風險。所以，營業秘密的保護必須內化成為企業文化的一部分，成為每個員工所重視的責任，同時企業也必須要視實際情況制定專業的管理制度及保密措施，才有可能徹底落實成效。

　　營業秘密的管理與保護是企業必須正視的議題，保護好營業秘密，不僅可以確保企業競爭力持續領先，同時還能獲取客戶的信任，進而提高合作意願，值得企業重視與投入。

使用密碼管理，是最基本的營業秘密管理。

6 關我什麼事？
──新到職員工違反營業秘密法

郭維翰／寰瀛法律事務所合夥律師

據報導，自英業達公司跳槽到仁寶公司的數名工程師，疑洩漏英業達公司營業秘密遭台北地檢署起訴，且檢察官認為仁寶公司未盡力防止受雇人發生犯罪行為，遂依營業秘密法一併起訴仁寶公司；無獨有偶，2021 年 3 月間，宜特公司也因同樣情形遭新竹地檢署起訴，同時面臨昇陽公司提出 56 億元的求償。由上開報導可知，公司雇用的員工如果有違反營業秘密法的行為，不僅僅是員工的個人私事，公司可能因此需負擔鉅額賠償責任。

▶ 盡力防止　避免公司一併受罰

按營業秘密法第 13 條之 4 規定：「法人之代表人、法人或自然人之代理人、受雇人或其他從業人員，因執行業務，犯第十三條之一、第十三條之二之罪者，除依該條規定處罰其行為人外，對該法人或自然人亦科該條之罰金。但法人之代表人或自然人對於犯罪之發生，已盡力為防止行為者，不在此限。」

依照此規定，任何公司雇用的員工，如果在工作過程中有使用他人的營業秘密，除該員工將受法律制裁外，公司本身也將負連帶責任。當然也有例外，如果公司已盡力防止違反營業秘密時，或許可免除法律責任。因此，公司是否有「盡力防止」員工違反營業秘密法行為的措施，可說是案件發生時，判斷公司是否需一併負責的標準。

▶ 光是簽訂契約還不夠

但是公司要怎麼做才算是已經「盡力防止」？過去很多公司採取的方法是與新進員工簽訂契約，約定員工不得洩漏前雇主的營業秘密，以此來避免受到員工不當行為的牽連。然而，這樣的作法在實務上恐怕無法得到認同，例如臺中地方法院在「106 年度智訴字第 11 號案件」中就曾經明確表示：某某公司簽訂聘僱契約書，固然均有「乙方不得將其以前雇主之機密資料以及其他因故禁止乙方洩露或使用之資料、資訊透露予甲方或於工作中使用之」之約定，然此僅為一般性、抽象性之宣示性規範，並非積極、具體、有效之防止行為…。

▶ 完善的營業秘密管理制度

但如果公司已經與員工約定不得洩漏或使用前雇主的營業秘密，都還不足以作為公司已「盡力防止」的認定標準，那麼公司究竟應該採取何種手段，方能避免承受此不利風險？上開臺中地方法院判決內容並未直接給出明確答案。然而從判決內容反推，或許建立完善的營業秘密管理制度並具體實施，是可能的解答。所謂營業秘密管理制度，一般包含營業秘密的盤點、分級、保密措施建置、使用規範訂定及稽核制度建立，有效的營業秘密管理制度，除了避免公司的營業秘密外洩，由於公司對於手上有那些營業秘密已有充分了解，在員工使用前雇主或他人的營業秘密時，較能透過稽核及時發現，阻止違法行為發生。

在營業秘密保護越來越受重視的今日，公司除了要注意維護自己的營業秘密權利外，如何避免不慎侵害他人營業秘密而生爭訟，也將是公司需要了解並提早因應的重要議題。

第三章

金融管理

牽涉到法律層面的金融管理或許一般人通常不會接觸到,但其實仍在我們生活周遭處處可見。像是投資股市的朋友經常聽到加入老師會員,可以幫你帶進帶出,就得小心是不是上了投資網紅的當;不少人經常收到海外基金高報酬率的訊息更是得小心,免得投資下去血本無歸甚至求助無門。

CHAPTER 3

1 遊戲驛站軋空事件 ——投資網紅得小心

葉大殷／寰瀛法律事務所創所律師
葉立琦／寰瀛法律事務所資深律師

　　台灣股市自 2020 年起指數屢創新高，股市熱絡之程度，不僅是證券新開戶數量倍增，年齡層也逐漸降低，證券投資逐漸成為新世代的理財方式之一。老練的投資人在股市中生存，各有自己的投資原則和觀點，透過社群媒體分享給缺乏經驗或時間的投資新手，取代過去的「股市老師」成為散戶投資人獲取資訊和投資決策的參考。這樣的「投資網紅」透過各種社群媒體分享投資分析或市場概況，成為全民證券投資風潮下的意見領袖，其影響力之大，從 2021 年 1 月間美國證券市場發生的遊戲驛站（Gamestop）軋空事件可見一斑。

▶ 軋空操作　超額推高股票

　　2021 年 1 月因部分對沖基金研究報告不看好遊戲驛站未來發展，因而開始放空（即借入股票賣出以賺取低價買回股票之價差）遊戲驛站的股票。美國網路論壇 Reddit 上的 r/wallstreetbets（簡稱 WSB）討論版上的散戶投資人，透過 WSB 討論版的號召，發動對於遊戲驛站股票軋空（即抬高股價，迫使放空的投資人於股價高點回補股票）。此舉大幅推升遊戲驛站的股價，從 2021 年 1 月 14 日的每股 39.91 美元持續攀升至每股近百元。而特斯拉創辦人伊隆‧馬斯克（Elon Musk）在社群軟體推特上的一句推文，更促使股價衝高至每股超過 200 美元。2021 年 1 月 28 日時，遊戲驛站的股價最高曾經來到每股 483 美元。

一位 34 歲的金融分析師凱斯・基爾（Keith Gill）被認為是這場史詩級的軋空事件的幕後推手，他除了在 WSB 討論版發文號召外，更以 Roaring Kitty 為名在 YouTube 等社群軟體上分享自身投資心得，影片中也曾提及他對於遊戲驛站股票價值的看法。

▶ 分享看法？投資網紅得小心

這起遊戲驛站軋空事件，不僅造成放空的對沖基金大規模損失，也引起證管會的注意。事件之後，遊戲驛站股價自 2021 年 2 月起開始迅速下跌至百元以下，凱斯・基爾這位被認為是始作俑者的「投資網紅」，不僅被美國聯邦眾議院金融服務委員會要求說明在這起事件中扮演的角色，更遭部分投資人提起訴訟，指控其佯裝散戶投資人而進行操縱市場的行為，違反美國證券交易法的規定，更造成投資人重大損害。雖然本案起訴已在 2021 年 4 月撤回，但對凱斯・基爾個人的調查，仍在持續進行中。

2021 年 9 月，麻州的金融監理機關與僱用凱斯・基爾（註 1）的美國萬通人壽保險公司（MassMutual），就公司未能適當的監理凱斯・基爾於網路上的活動及其他委託操作的交易行為，以罰款 400 萬美元的方式和解。凱斯・基爾也許獲得了更大的網路聲量，但也身陷入賠償或刑責的風險之中。

▶ 兩條紅線　千萬別踩

台灣不乏透過 YouTube、Podcast 或 LINE 群組等平台分享股市投資分析或個人心得的投資網紅。在透過各種社群媒體分享的同時，仍應注意證券交易法、證券投資信託及顧問法（下稱投信投顧法）的規定，避免誤踩紅線，得不償失。

---

1 ｜凱斯・基爾於 2021 年 1 月辭職。

internet 的盛行，讓現代人更常聚焦網紅的意見。

1、不可收取報酬或是巧立名目收取費用

按投信投顧法第 4 條的規定，所謂證券投資顧問是指直接或間接自委任人或第三人取得報酬，對有價證券、證券相關商品或其他經主管機關核准項目之投資或交易有關事項，提供分析意見或推介建議。

因此，不論該分析意見或推介建議是來自於本人或他人，只要直接或間接因提供該分析意見或推介建議而取得報酬，即違反投信投顧法的規定，而面臨五年以下的刑責及民事求償。在實務案例中，被告透過 LINE「股市幼幼班」群組告知會員可投資的股票名稱及買進、賣出價位、時點，即被認定屬於「推介建議」，並藉此收取會員費、報告費用或分紅，最終因違反投信投顧法第 107 條規定而遭判處刑責（臺灣高等法院 109 年金上訴字第 60 號刑事判決）。

2、分享內容應引用確實資訊，且不得有影響股價之操縱行為

按司法院大法官釋字第 634 號解釋，經營證券投資顧問業應經主管機關核准，是為建立證券投資顧問業的專業性，如僅提供一般性的證券投資資訊，而非以直接或間接從事個別有價證券價值分析或推介建議為目的的證券投資講習，一般民眾仍可分享而無違法之虞。

只是分享內容務必引用確實資訊，且不得以自身的社群影響力，鼓吹或勸誘他人進行有價證券買賣。按證券交易法第 155 條的規定，若對有價證券交易價格為相關操縱行為，或是意圖影響有價證券交易價格而散布流言、不實資料等行為，都屬違反證券交易法之規定，將面臨三年以上、十年以下的刑責及民事求償。

▶ 老師帶進帶出？小心被「割韭菜」

台灣股市熱絡帶起一股投資熱潮，社群媒體上的網紅、意見領袖分享投資經驗和成果，也因此收穫一群死忠的粉絲或聽眾。這些網紅的社群影響力帶來廣告效益，讓他們能夠透過「業配」商品的方式，從商家、而非投資人處獲取報酬。在分享與投資相關的內容時，也一再強調是「個人心得分享」、「沒有對個別股票分析或推介」等說明，並引用正確的公開資訊，避免違法。

遊戲驛站軋空事件中的凱斯・基爾正是所有投資網紅的前車之鑑，分享個人投資分析或心得仍應注意投信投顧法、證券交易法等法規，避免違法而面臨刑事責任和民事求償。而加入這股投資熱潮的投資新手，更應慎選投資資訊取得管道，切勿輕信資訊來源不明、分析毫無根據的「飆股名單」，以免損失慘重又求助無門。

2 境外基金投報率高
——陷阱到底在哪裡？

涂慈慧／寰瀛法律事務所資深顧問／美國紐約州律師／國際公認反洗錢師 CAMS

前美國那斯達克交易所董事長馬多夫創立的對沖基金，即使在股市表現差的狀況下，仍然有穩定的報酬（每月 1% ～ 2%），實則是個「龐式騙局」，他將後進者的投資本金當作是先進者的投資收益，持續發放「穩定獲利」，最後金融海嘯讓弊案終究紙包不住火。

▶ 高報酬藏陷阱　一定要小心

坊間常有自稱是資產管理公司、國際顧問公司、基金平台進行電話、網路行銷，以標榜高於一般市場投報率的話術，銷售境外基金或自有品牌基金，這些基金銷售公司或平台，有時還會舉辦說明會直接與投資人面對的方式，或透過多層次傳銷的手法來兜售標榜高報酬的境外基金。然而，產品說明書製作精良、說明會場地高級、網頁顯示可下單的境外基金具有高投報率的包裝下，投資人是否忽略了他們是在非法募集銷售境外基金？

風險 1：空殼公司或許沒有銷售境外基金的資格

境外基金銷售公司或平台可能沒有在任何國家／地區註冊設立，縱使有註冊設立，其有可能未取得在台灣銷售境外基金業務的執業資格，落在金管會的監管之外，可能有經理人挪用基金資產、偽造對帳單，或是以虛假的投報率欺騙投資人的情形。

風險 2：未實際下單或空殼基金

非法的基金銷售公司或平台，可能根本沒有實際向境外的資產管理公司下單，或者所推出的自有品牌基金只是空殼基金。

風險 3: 資訊不透明

非法的基金銷售公司或平台，可能無法像合法的基金銷售機構一樣定期公佈基金資訊，導致投資人對於產品與風險瞭解不完整或不正確，而作出錯誤的投資決定。而且，資訊不透明或者銷售人員刻意隱匿資訊，常導致投資人並不清楚所要負擔的各項費用名目及計算標準，或者等到要贖回時才知道要支付高額手續費或其他費用。

風險 4：如有糾紛，僅能循司法途徑救濟，耗時費日

投資人向非法的基金銷售公司或平台購買境外基金如有發生糾紛，將無法依據證券相關法令獲得保障，只能依契約關係循司法途徑尋求救濟或移送警調偵辦，然歷經偵查、起訴、判決等程序，緩不濟急。

▶ 境外基金銷售　須經主管機關核備

在台灣銷售的境外基金是需經主管機關核備，境外基金機構也需要委任單一的總代理機構在台灣代理其基金的募集及銷售，而且境外基金的合法銷售機構僅限於證券投信、投顧公司、證券商（經紀）、銀行、信託業及其他主管機關核定的機構等，縱使基金銷售機構以投資公司、財務或企管顧問公司、資產管理公司等為名，並在經濟部有合法立案登記，但只要是未經金管會核准從事境外基金募集銷售的業者，仍是違法從事基金銷售，投資人可從公司的名稱初步判斷該基金銷售機構是否合法。投資人在申購前可至境外基金資訊觀測站（註 2）查詢境外基金銷售機構是否是合法的銷售機構及其基本資料，以保障自身投資權益，避免誤觸陷阱。

2 ｜境外基金資訊觀測站：https://announce.fundclear.com.tw/MOPSFundWeb

3 證券性質的虛擬通貨發行 —— STO 是什麼？

涂慈慧／寰瀛法律事務所資深顧問／美國紐約州律師／國際公認反洗錢師 CAMS

　　雖自比特幣問世以來，區塊鏈技術蓬勃發展，以該技術延伸的虛擬通貨，從早先作為支付工具，如今出現了表徵特定資產或權利性質的代幣，更發展出將虛擬通貨證券化的新型態金融商品。隨著新興科技應用於金融領域，傳統的募資方式已產生變革，開創出運用密碼學及分散式帳本技術或其他類似技術發行虛擬通貨募集資金的新型態募資模式。只是在權衡友善金融科技發展及維持金融市場秩序暨保護投資人權益之下，主管機關初步僅開放具有證券性質的虛擬通貨，並自 2019 年 6 月起，發布新聞稿並陸續制定 Security Token Offering（簡稱：STO）相關規範。

▶ 虛擬通貨的定義

　　虛擬通貨是指「運用密碼學及分散式帳本技術或其他類似技術，表彰得以數位方式儲存、交換或移轉之價值，且用於支付或投資目的者。但不包括數位型式之新臺幣、外國貨幣及大陸地區、香港或澳門發行之貨幣、有價證券及其他依法令發行之金融資產。」（虛擬通貨平台及交易業務事業防制洗錢及打擊資恐辦法第 2 條第 1 項第 2 款）。

▶ 發行種類限於不具有股東權益的分潤型及債務型虛擬通貨

　　具有證券性質的虛擬通貨屬於證券交易法所稱的「有價證券」，具備

STO

STO 是 Securities Token Offering 的英文縮寫，在台灣口語稱爲證券型代幣發行，是將傳統的有價證券（如股票、債券、基金）等資產，以虛擬代幣的形式證券化發行給投資人的一種募資方式。IPO 與 STO 都是爲了募資，只是 STO 是在區塊鏈上發行證券化虛擬貨幣；而 IPO 則是在傳統資本市場上發行股票，代表股權，雖然兩者同樣都受到證券法令監管，但 IPO 僅用於要公開發行的私人公司，向投資者發行「股票」來籌集資金；STO 則是將代表資產份額的代幣在區塊鏈上發行，這些代幣代表的可以是公司股權，也可以是基金，甚至是藝術品等其他資產。

流通性和投資性。發行種類限於分潤型虛擬通貨及債務型虛擬通貨。「分潤型」是指參與分享發行人經營利益；「債務型」是指定有發行期間且到期還本並得分享發行人配發的利息。（證券商經營自行買賣具證券性質之虛擬通貨業務管理辦法，以下稱「管理辦法」第 25 條）。

▶ 虛擬通貨的發行主體及條件限制

發行主體限為依我國公司法組織的股份有限公司，但不包括上市、上櫃及興櫃公司。外國公司無法在臺申請發行虛擬通貨（管理辦法第 3 條第 2 款）。

　　發行人如擬透過交易平台發行虛擬通貨，須向證券商檢具申請書並備齊公開說明書及專家意見書等。包括：資訊技術專家出具資安意見書、財務專家出具發行價格合理性意見書及律師出具適法性意見書，經確認符合一定條件後，始得發行。發行企業尚須符合以下幾個條件：

1. 已建置內部控制制度及會計制度，如為公開發行公司或特殊產業之公司，尚須符合主管機關對其內部控制制度及會計處理的相關規定；
2. 發行人及其董事、監察人及總經理等人員無重大退票、無欠稅紀錄，且最近二年內無已判決確定或目前尚在繫屬中涉及誠信疑慮的重大訴訟案件。例如違反商事法所定之罪，或貪污、瀆職、詐欺、背信、侵占等罪；
3. 募資項目及發行人所營事業項目的合法性，且募資計畫及其效益具必要性、合理性及可行性；
4. 本次發行虛擬通貨利用程式碼自動執行的內容（如智能合約的合約條款程式碼）與公開說明書相關記載事項一致。例如虛擬通貨利用程式所自動執行的約定事項，如虛擬通貨種類、發行數量及發行條件等，是否與公開說明書的記載一致。

▶ 發行虛擬通貨有募資幣別及額度的限制，只能透過同一平台辦理

　　發行人發行虛擬通貨對外募資，採分級管理，募資金額在新台幣 3,000 萬元以下者，豁免其應依證券交易法第 22 條第 1 項的申報義務，但仍應依據管理辦法及相關規章辦理；募資金額超過 3,000 萬元者，應依「金融科技發展與創新實驗條例」申請沙盒實驗，主管機關將視實驗結果再研議是否修訂證券相關法令。

　　發行人僅得透過同一交易平台辦理發行虛擬通貨，且其「歷次」發行金額累計不得逾 3,000 萬元之上限。為了控管募資限額及防範洗錢風險，

虛擬通貨初級市場的認購及發行後的分潤、配息，限以新台幣為之，不得以虛擬通貨或外幣為之。

▶ 虛擬通貨於交易平台買賣期間，發行人應持續辦理資訊揭露

應持續辦理的資訊揭露項目包括：發行人基本資料、年度經會計師查核簽證、財務報告、發行人決定分潤、配發利息或其他利益資訊、發行虛擬通貨募資計畫及其資金運用情形、買回虛擬通貨資訊及債務型虛擬通貨屆發行期滿資訊等項目（管理辦法第 37 條）。若發行人發生對投資人權益有重大影響的情事時，應辦理重大訊息揭露，使投資人能即時掌握有關發行人財務、業務重大情事，以利其形成交易決策（管理辦法第 38 條）。

▶ 發行虛擬通貨得附買回機制　低於 10% 將終止買賣

發行人發行虛擬通貨已於公開說明書揭露虛擬通貨買回機制者，得在其虛擬通貨已於交易平台交易滿一年後，經其董事會三分之二以上董事出席及出席董事超過二分之一同意買回，買回的虛擬通貨應立即辦  理註銷。買回導致流通在外數量低於原發行數量的 10% 者，證券商應公告自公告日之次 40 日起終止該虛擬通貨的買賣，在此情形下，法令尚無強制規定發行人應對剩餘流通在外之虛擬通貨負收購之義務。

針對虛擬通貨在發行面的相關規範，不僅使 STO 受到主管機關監管，也代表了 STO 在台灣「合法化」，且透過區塊鏈的技術，STO 也擁有比起 IPO 更低的發行及交易成本的優勢，STO 成了公司籌措資金的另一種可選擇的方式，而後續主管機關是否會頒布其他監管的規範以及作出相關函釋，值得觀察注意。

4 櫻桃支付的商業模式
——踩了洗錢防制的紅線

涂慈慧／寰瀛法律事務所資深顧問／美國紐約州律師／國際公認反洗錢師 CAMS

　　櫻桃支付（CherryPay）曾被譽為台灣之光，於 2016 年進入金管會指導的「金融科技創新基地加速器」，後續在新加坡 Startupbootcamp（SBC）金融科技（FinTech）國際新創加速器選拔賽中拿下前 10 強，卻在崛起短短兩年後，於 2018 年 8 月遭到檢調搜索，創辦人也因涉嫌違反銀行法送辦，且警方也調查發現其以 P2P 模式進行國際匯款而淪為詐騙集團非法洗淺的管道。後續 CherryPay 被法院認定非法辦理國內外匯兌業務，其創辦人也因而遭一審及二審法院判決有罪。

▶ **CherryPay 商業模式**

　　要瞭解 CherryPay 為何會被利用為非法洗錢的管道，要從它的商業模式一窺究竟。CherryPay 所採行的「地下匯兌」模式是主要癥結，也就是說錢實際上沒有「匯出」，卻達到了匯兌與跨境匯款的實質效果。

　　具體而言，CherryPay 從事的是 P2P 小額跨境代付的媒合平台服務，其招攬不特定的民眾成為國內、外會員，當會員有跨境匯兌需求時（通常是國內會員，下稱「需求會員」），可以向 CherryPay 提出訂單，在訂單中指定資金要匯入的國別（下稱「匯入國」）、幣別、金額及收款的金融帳戶或電子支付工具帳戶，需求會員須將等值的本國貨幣（下稱「匯出國」）匯到 CherryPay 指定的國內金融帳戶。CherryPay 會將該訂單資訊公告給

匯入國的會員，有意願接受該訂單者（下稱「服務會員」），則依該訂單以匯入國貨幣將指定的金額金匯到指定的收款帳戶。服務會員完成匯款後，CherryPay 會再以等值的匯出國貨幣將資金匯到服務會員於匯出國所指定的帳戶，收取 1% 至 2% 不等的服務費，完成需求會員與服務會員的匯兌要求。

CherryPay 商業模式流程圖

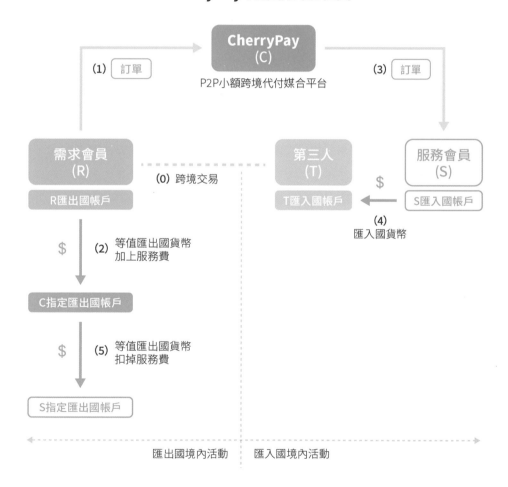

　　舉例來說，若在台灣的 A 在中國知名購物網站上購物，結帳時須以人民幣支付，A 便可利用 CherryPay 的服務，將人民幣換算成等值的新台幣，外加 1% 服務費後，將新台幣轉帳到 CherryPay 在台灣的金融帳戶，同時間，CherryPay 在中國媒合需要將人民幣換成新臺幣的 B，由 B 以人民幣幫 A 代付了購物款項後，CherryPay 再將等值的新臺幣轉帳到 B 於台灣指定的金融帳戶。過程中，A 及 B 各自都只有在其所在國進行境內轉帳，並未透過銀行進行匯兌與跨境匯款，也因此省下了透過銀行換匯及跨境匯款的手續費，卻可在 24 小時內完成實質換匯與跨境匯款。

▶ 實質「地下匯兌」 違反銀行法

　　由於 CherryPay 所收取的服務費低於銀行匯兌與國際匯款的手續費，比起一般跨境匯款通常約需 1 至 2 個營業日又更有效率，對於日益增多的跨境電商交易使用者而言可謂是福音。

　　然而 CherryPay 如此創新又頗具吸引力的模式，使用交易程式媒介有資金匯兌需求者，接受客戶匯入的款項，在他地完成資金移轉或清理該客戶與第三人間債權債務關係，此種未經主管機關許可，擅自為不特定的客戶在台灣及中國辦理異地間匯兌業務的行為，已被法院認定為違反銀行法「非銀行不得辦理國內外匯兌業務」的規定。

▶ 洗錢的三個階段

　　不僅如此，當初檢警調查即發現，CherryPay 所提供的匯兌服務，還被詐騙集團所利用成為洗錢管道。洗錢的目的無非是要掩飾或隱瞞犯罪所得的不法性質、資金來源和所有權，常見有三個階段：

1、**處置 placement**：將前置犯罪的不法所得投入傳統金融機構或非傳統
金融機構。例如虛擬貨幣供應商、賭場，而混入資金循環系統中；

2、**多層化 layering**：利用層層金融交易。例如資金在不同帳戶間流轉，
或將犯罪所得轉換為其他形式，像是現金轉為股票、珠寶，藉以切斷或
掩飾資金來源和所有權；

3、**整合 integration**：將漂白後的資金，化零為整，投入看似正常的商
業活動或交易，重新進入經濟體系，像是投資房地產、挹注資本額設立
新公司。

　　由上可知，詐騙集團可能會假藉消費購物而利用 CherryPay，將犯罪
所得的新台幣化整為零，拆為小額（低於需要申報的 50 萬元限額），匯入
CherryPay 在台的銀行帳戶，經過多層交易，由代付之人直接或透過購物網
站轉帳人民幣給賣方，再由 CherryPay 將新台幣轉帳給代付之人。

▶ 匯兌轉帳越容易　小心變洗錢

　　設想代付之人若為詐騙集團成員，犯罪所得
即可透過 CherryPay 匯出到海外，重入詐騙集團
之囊；抑或，詐騙集團將多筆購得之物透過正常
交易轉賣後而獲取漂白的現金。過程中，犯罪所得的資金流向產生斷點，
形成資金來源難以或根本無法追蹤的情況，著實滿足了掩飾犯罪所得的不
法性質、來源和所有權的目的，使得 CherryPay 淪為洗錢管道。

　　有鑑於國際間對於洗錢防制越發重視，再加上金融業務的監管向來嚴
格，金融科技產業在發展創新商業模式的同時，亦應審慎檢視之，必要時
可尋求專業人士的意見以評估風險，才能提前設下防護網。

第四章

智慧財產權

身為現代人，一定很常聽到「違反智慧財產權」這個說法。早期書本的拷貝或今日線上下載非法影片，毋庸置疑屬於侵權；但當走在河濱步道，看到日本漫畫人物的模仿「再創作」，是不是侵權了？加上數位時代來臨，虛擬世界盛行，本篇提到的 AI 人工智慧、元宇宙或者 NFT， 都和資訊及科技的進步息息相關；而高人氣的《鬼滅》商標，或是疫苗專利侵權問題探討，則在我們的日常引以為鑒。智財，真的離我們一點都不遠。

CHAPTER 4

1 AI 的創作或專利 ——著作權不保護？

蘇佑倫／寰瀛法律事務所資深合夥律師

南韓棋王李世石日前決定退休了。時光回溯到 3 年多前，棋王與人工智慧 AlphaGo 大戰五回合，AlphaGo 以 4:1 大勝，讓世人驚艷人工智慧的「思考」功力。2019 年初，IBM 研發的 Project Debater 挑戰國際辯論賽冠軍選手，人類在這場比賽扳回一城，但 AI 也展現出驚人的文字或語言的組織能力。

除了下棋和辯論，AI 也開始畫畫和寫作。在「下一個林布蘭 (The Next Rembrandt)」計畫中，AI 重現 300 年前荷蘭大師的畫風。OpenAI 推出的自動寫作模型 GPT2，可以利用人類提供的一小段文字，自動「創作」出一篇文章。

▶ 只有人才享有著作權？

但是問題來了，當 AI 也會自己創作，創作成果的著作權又該歸誰享有？2011 年，因為搶了攝影師的照相機來自拍，Naruto 這隻獼猴成了全世界最知名的猴子，甚至有動物保護團體跳出來主張猴子自拍照是 Naruto 的作品，應由 Naruto 享有著作權。不過，美國著作權局及法院均認為動物不能享有著作權法上的權利，只有「人」的創作才有著作權。

那麼 AI 的創作算是「人」的創作嗎？台灣智慧財產局認為，AI 並非自

然人或法人，其創作完成的智慧成果，非屬著作權法保護的著作，無法享有著作權；如所創作的音樂僅是機器或系統透過自動運算方式所產生的結果，並無人類「原創性」及「創作性」的投入，則不受著作權法保護。

但是，若機器或系統僅是創作者的工具，創作完成的作品仍有作者「原創性」及「創作性」的投入，而非單純機器或系統產生的成果，該作品則受著作權法保護。換言之，越聰明、越不用聽人類指揮的 AI 所「創作」的作品，越有可能被認為不是「人」的創作而不受著作權保護。

▶ 保護 AI 使用者投入資源產出的成果

AI 產生的成果，通常是由 AI 的使用者先提供素材（關鍵字或指令）給 AI，再由 AI 進行演算或「創作」。AI 使用者投入資源所產出的最終成果，如果不能享有著作權或智慧財產權的保護，該如何確保或保障 AI 使用者願意繼續投入？北京互聯網法院在 2019 年 4 月一則判決中點出這個疑問。

同樣地，北京互聯網法院也認為，由自然人創作完成是著作權法上作品的必要條件。但判決中提到，雖然 AI 自動產生的分析報告不構成作品，但不意味著可以被公眾自由使用。分析報告是軟體使用者通過付費使用進行投入，基於自身需求設置關鍵字所生成，因此軟體使用者具有進一步使用、傳播分析報告的動力和預期。如果不賦予投入者一定的權益保護，將不利於對投入成果的傳播，無法發揮其效用。

因此，軟體使用者雖不能以作者的身份在分析報告上署名，但是為了保護其合法權益，保障社會公眾的知情權，軟體使用者可以採用合理方式表明其享有相關權益。不過，究竟有哪些合理方式可以表彰 AI 創作的權益，判決中並無說明。

AI 人工智慧越來越「聰明」，甚至已經打敗世界棋王。

▶ AI 快速發展　人類的法制設計還沒趕上

　　美國專利商標局也意識到 AI 技術的快速發展，可能會衝擊現有智慧財產保護法制，在 2019 年 10 月 30 日提出了 13 個問題，公開徵求大眾對 AI 智財權保護的意見。包括：AI 演算法產生的成果中若沒有任何由人類貢獻的創作內容，是否符合受著作權法保護的作品；如果一定要有人為參與，何種方式的參與可以讓參與者成為作者；AI 產生的成果侵害他人著作權時，該由誰負責；目前的法規有無需要進行任何調整以平衡各種智慧財權對 AI 的保護等等。

　　隨著 AI 越來越聰明，越來越能自主運作，現有以人為參與為主的法制設計可能會受到挑戰。時間快轉到 50 年後，AI 律師與人類律師在法庭中辯論，AI 也是人，應與人類享有同等權利。你希望誰贏？

後記

這篇文章是在 2019 年底完成，在經過了快三年（2022），有沒有任何 AI 取得著作權呢？答案是沒有。但是，倒是有 AI 被列爲專利發明人，這「位」AI 叫 DABUS。

DABUS 的全稱是「device for the autonomous bootstrapping of unified sentience」，是 AI 界先趨 Stephen Thaler 所開發的人工智慧系統。Thaler 於 2018 開始陸續將 DABUS 的發明向世界各國的專利局申請專利，並將 DABUS 列爲專利發明人。大多數國家（包括台灣），都以 AI 不是「人」，不得列爲專利發明人爲由駁回申請。然而，2021 年 7 月南非首開先例，核准 Thaler 的專利申請，並承認人工智慧 DABUS 爲「專利發明人」。不久之後，澳洲聯邦法院也判定 AI 可以列爲專利發明人（註 1）。這會是 AI 勢力崛起的開端嗎？

有一點還是要釐清，雖然這些專利申請案是以 DABUS 爲專利發明人，但專利權人，也就是專利的所有權人還是 Stephen Thaler。因此，現階段縱使在南非，DABUS 還是得聽 Thaler 的，沒有權利自行實施獲准的專利。

1 ｜ 澳洲聯邦法院判定 AI 可以列爲專利發明人，可參考以下報導的連結： https://finance.technews.tw/2021/08/13/dabus-ai-system-was-identified-as-a-patent-inventor/

2 商標的省思
——《鬼滅之刃》中爲角色創作的花紋

呂思賢／寰瀛法律事務所助理合夥律師

雖然因 COVID-19 疫情蔓延，全球大部分地區仍在不同程度下受疫情影響，但仍無法阻擋《鬼滅之刃》（簡稱《鬼滅》）的魅力，以及其所帶來的商機與文化影響力。《鬼滅》動畫劇場版繼 2020 年 10 月於日本、台灣、香港等地紛紛締造驚人票房數據外，據報導 2021 年 4 月於美國上映後，首週週末票房亦刷新美國外語電影票房紀錄。此外，2021 年 6 月日本無償贈與台灣疫苗，日台交流協會甚至以《鬼滅》中團結對抗惡鬼的內容，呼籲大家共同抗疫，可見其影響力。

▶ 大受歡迎的商品　就能獲得商標？

在《鬼滅》中主要角色成員，每人都穿著極具個性的獨特花紋樣式「羽織」（日本傳統長及臀部的和式袍套），由於這種獨特紋樣能讓人直接聯想到動畫裡的角色，成為了許多商家可商品化的絕佳素材。

就此，日本許多的商家紛紛推出各式《鬼滅》相關花紋樣式的商品，如上衣、外套、圍巾、手機殼等，受到廣大的歡迎。這種「搭便車」的行銷手法，看在出版《鬼滅》的集英社公司眼裡，當然不是滋味，於是在 2020 年 6 月 24 日，集英社把《鬼滅》裡 6 位主要角色身著的花紋樣式，向日本特許廳（類似我國智慧財產局）提出商標註冊申請，指定商品類別涵蓋手機外殼、應用軟體、飾品、辦公用品、服飾、玩具等。

這 6 位被提出申請商標的角色，穿著花紋樣式分別為：

1. 竈門炭治郎所穿袍套的「綠色及黑色相間棋盤格格紋圖形」
   （J-PlatPat 商標出願 2020-078058）

2. 竈門禰豆子所穿和服的「粉紅色背景及麻葉紋圖形」
   （J-PlatPat 商標出願 2020-078059）

3. 我妻善逸所穿袍套的「黃色背景及白色三角型圖形」
   （J-PlatPat 商標出願 2020-078060）

4. 富岡義勇所穿袍套的「紫色及龜殼紋圖形」
   （J-PlatPat 商標出願 2020-078061）

5. 蝴蝶忍所穿袍套的「蝴蝶翅膀紋圖形」
   （J-PlatPat 商標出願 2020-078062）

6. 煉獄杏壽郎所穿袍套的「火焰紋圖形」
   （J-PlatPat 商標出願 2020-078063）。（註 2）

針對上述 6 件商標申請案中，日本特許廳於 2021 年 5 月 28 日做出審查結果，其中前 3 件未經核准，後 3 件則通過允許註冊。從未通過註冊申請案的「拒絕理由通知書」中，可知未核准的主要理由皆是申請的商標欠缺「識別性」。如果集英社對核准的結果不服，在「拒絕理由通知書」發布後 40 天內仍能提交書面意見，使該申請案再經重新審查。

▶ 商標註冊是屬地主義

由於商標註冊採屬地主義，集英社在台灣亦有兩件《鬼滅》商標，不過兩件都以文字為主體，未如在日本有全以圖形為商標的申請，然而台灣的商標法亦有商標「識別性」的要求。因此，本文將藉由此次《鬼滅》角色穿著式樣的商標申請案例，以台灣角度說明商標註冊的「識別性」概念。

2 ｜商標特許情報，可參考日本特許廳網站查詢：https://www.j-platpat.inpit.go.jp

商標的功能主要是讓人可以知道標示商標的商品或服務是由誰來提供的，而那些無法達到此種功能的文字或圖形，就是屬於欠缺「先天識別性」的標識，如果賦予這種標識商標的專用權，對其他市場參與者不公平，或有損於一般消費者的利益，因此此種商標不得註冊。

▶ 欠缺「先天識別性」商標

依據台灣商標法第 29 條第 1 項規定，欠缺「先天識別性」的商標情形大致可分類：

1、僅由描述所指定商品或服務之品質、用途、原料、產地或相關特性之說明所構成之商標。這是所謂「描述性商標」，該商標本身直接用來描述所指定商品或服務的品質、功能、產地等特性，例如「24h 購物」指定使用於網路購物平台服務，會被認為屬於服務本身提供「全天候服務」的敘述，而不具有識別服務提供來源的功能。

2、僅由所指定商品或服務之通用標章或名稱所構成的商標。這種指以「通用標章或名稱」為商標，例如「紅、藍、白三色旋轉霓虹燈」為理容院的通用標章，如果有理容院以這三種顏色旋轉標識為商標，消費者無法只憑該商標來辨識其與其他理容院的區別。

3、僅由其他不具識別性之標識所構成者。這是泛指前兩種以外的不具識別性標識，例如口語化的文字（如「讚」）、容易使人認為是商品的裝飾花紋、包裝背景或包裝的裝飾花紋等標識。這種情形下，消費者不會特別把這些文字或圖樣看做是廠商用來區別與其他廠商的用途，如此該標識即喪失商標功能。

▶ 裝飾性圖案　欠缺「先天識別性」

回來再看本次《鬼滅》未經核准的 3 件申請案。第一件商標，是由綠色及黑色方格，相間連續排列組成，為棋盤格紋圖樣；第二件商標，是以粉紅色為背景底色，並以多個三角形、菱形、多角形連續組成的圖樣；第三件商標，則是以黃色為背景底色，其顏色由上而下由淺漸漸變深，其上平均分布 18 個大小一致的等邊白色三角形。

日本傳統服飾上特有的花紋，甚至有的是家徽象徵。

在日本特許廳的「拒絕理由通知書」中提到，這幾個商標樣式都只能是裝飾性的背景圖案，甚至在現有紀錄裡，能找到普遍使用該等圖樣的紀錄，因此難以作為區別商品或服務來源的標識。而在台灣，這容易使消費者認為只是商品的裝飾花紋或只是背景圖樣的特點，使該標識無法用來區分廠商商家的功能，依上述我國商標法第 29 條第 1 項規定，亦有很高可能性被認為欠缺「先天識別性」。

在日本與台灣的商標法，都另有規定讓申請人可提出證明，佐證原先不具「先天識別性」的標識已於市場廣泛使用，並且相關消費者已能認知到該標識是用來指示商品或服務的提供廠商，則該標識還是可以核准商標註冊（此種透過廣泛使用取得的識別性，被稱為「後天識別性」）。因此，本次探討未被核准的商標樣式，能不能在未來如劇中主角們歷經萬難，重新敗部復活，或許還有待後續發展。

3 侵害國外疫苗專利權？ ——先確認比對標的

蘇佑倫／寰瀛法律事務所資深合夥律師

日前報載指出，國產疫苗透過與國外原廠疫苗比較，作為緊急授權許可（EUA）標準，將有侵害國外原廠疫苗專利的疑慮，似乎是誤解了專利侵權比對的原則。判斷是否構成專利侵權，首先要確認專利權的內容及範圍，以及是哪一個行為或產品被懷疑有侵權的可能。

▶ 血清數據比對　未侵害疫苗專利

一般而言，原廠疫苗的專利可能包括疫苗的成份組成或配比、疫苗的製造方法，以及疫苗的醫療用途或作用機制等。若沒有取得原廠同意而自行販售、製造或使用原廠疫苗，則有可能侵害原廠的專利。但是，若是抽取施打疫苗者的血清來進行數據分析，已經與疫苗本身無關，不太可能會被原廠疫苗專利的範圍所涵蓋。

依據衛福部公布的資料，國產 COVID-19 疫苗療效評估基準是採用免疫橋接（immuno-bridging）研究方法，也就是比較國產疫苗組與 AZ 疫苗組，在 65 歲以下成年受試者，第二劑施打後 28 天的血清中和抗體值。AZ 疫苗組的資料來源，是對 200 名已接種 2 劑 AZ 疫苗部立桃園醫院醫護人員抽取血清分析而得。

COVID-19 影響全世界，世界各國皆想積極推出有效疫苗防堵疫情擴散。

▶ 專利不侵權抗辯理由

這邊可能涉及的行為有 2 部分。第 1 部分是施打 AZ 疫苗的行為。由於 AZ 疫苗是經過原廠同意提供的，所以施打疫苗的行為不會構成侵權。第 2 部分是抽取施打者血清進行抗體分析的行為。抽取血清都需要先取得當事人的同意才能進行，這些血清資料本來就不屬於疫苗原廠，且血清分析資料已與疫苗成份、製造方法或用途無關，不太可能侵害原廠疫苗專利。

另外，在專利不侵權的抗辯理由有所謂的權利耗盡或試驗免責，這兩種理論在專利法上有許多的討論及見解，包括國內耗盡或國外耗盡，以及近期藥品專利連結訴訟案例中的被告學名藥廠能否主張試驗免責等，可以再花很多篇幅來介紹。不過，由於免疫橋接的方法是抽取施打疫苗者的血清進行分析，並不是販售、製造或施打疫苗，原則上應與原廠的疫苗專利無關，似乎也沒有提出「權利耗盡」或「試驗免責」的空間及必要。企業在面對專利侵權爭議時，應充分諮詢專業人員以確保自身權利。

4 元宇宙正夯
——不可不知虛擬世界的相關法律

蘇佑倫／寰瀛法律事務所資深合夥律師

今年（2022）澳洲網球公開賽的男子決賽，讓全世界網球迷熱血沸騰。西班牙蠻牛 Nadal 展現堅強的意志力，從落後 2 局的情況下連趕 3 局，擊潰俄羅斯年輕好手 Medvedev，不僅再下一座大滿貫冠軍，更以 21 座大滿貫金盃獨居領先榜。除了讓球迷買票進場看球賽外，今年澳網也始無前例地把球賽搬進了元宇宙。全世界的球迷可透過虛擬實境，親臨比賽現場看球賽、玩遊戲，也可以買 NFT 紀念品。

▶ 元宇宙等於虛擬實境？

元宇宙從 2021 下半年開始竄紅。有人說元宇宙只是虛擬實境的換句話說，有人說宇宙就類似電玩遊戲現所呈現的 AR 或 VR 世界，也有人說就類似電影一級玩家所描繪真實及虛擬世界融合的情境。如果元宇宙的最終目的是把真實世界搬到虛擬世界，所有在真實世界可以做的事，在元宇宙都可以完成，那麼真實世界的法律，也可以直接套用在元宇宙嗎？似乎也不盡然。

你可以在元宇宙中買車、買地、蓋房子，甚至開店做生意，在真實世界中最基本的「所有權」概念，在元宇宙中似乎很難存在。若你在真實世界中買了一台特斯拉，你擁有車子的所有權，你可以把車子停在你家的車庫。但是，如果你在元宇宙中買了一台特斯拉，你可以開著車在元宇宙中

盡情奔馳，但當你脫下 VR 眼鏡回到真實世界，你的特斯拉還在元宇宙，沒有辦法停到你家車庫。

　　元宇宙中的一切都是電腦程式組成──包括你的元宇宙特斯拉。所以，購買元宇宙特斯拉時，並不會和真實世界一樣取得車子所有權，而是取得一種使用電腦程式的權利或授權，允許你在元宇宙中使用那台特斯拉或是那組電腦程式。

▶ NFT 也可能貴鬆鬆

　　元宇宙也可以買地。Decentraland 上的一塊虛擬土地可以賣到 243 萬美元，而 Sandbox 上的虛擬土地可以賣到 430 萬美元。這些虛擬土地都是 NFT（非同質化代幣）。這些土地的 NFT 有點類似土地所有權狀，證明你在某個元宇宙中擁有這塊虛擬土地。但是，這塊虛擬土地也是電腦程式組

NFT

非同質化代幣（英語：Non-Fungible Token），是種利用區塊鏈技術產生的數位資料單位。相較於比特幣、以太幣或新台幣等具有同質化性質（例如：每一個 10 元銅板都是一樣的，可以互換），每個 NFT 都是獨一無二、不可替換的。這種不可替換的特性轉化到畫作、藝術品、聲音、影片、或其他數位商品時，就成為對數位商品的認證或憑證，塑造出這些 NFT 數位商品的獨特性，進而創作出交易價值。

成，因此，你實際上取得的可能也只是使用這組電腦程式的權利，不是虛擬土地的所有權。

元宇宙可能不只有一個。如果我所在的元宇宙 A 被元宇宙 B 併購了，我有辦法把我的虛擬 NFT 土地、虛擬特斯拉、虛擬商店及虛擬商品帶到元宇宙 C 嗎？如果帶不走，我可以要求元宇宙 B 另外支付一筆費用給我，購買在我元宇宙 A 所「擁有」的 NFT 土地或其他虛擬資產嗎？但是，如果我實際上沒有這些資產的所有權，我又可以主張什麼權利呢？我有辦法主張元宇宙 B 沒有經過我的授權不可以運用這些虛擬資產嗎？這些問題可能要元宇宙發展再更成熟後才會有較清楚的解答。

▶ 在元宇宙　仍有侵權可能

智慧財產權也是另一個重要議題。如果你在元宇宙開店做生意，但是你所使用的商品名稱或設計，與別人在真實世界已經享有的商標權或著作權類似，仍然是有侵權風險，不會因為行為發生在元宇宙而免責。

另外，如果元宇宙居民在元宇宙中也可以創造出新的著作或發明，這些著作或發明到底是「人」的創作，還是「AI」的創作？目前世界各國的主流意見仍然認為只有「人」的創作才能享有著作權或專利權的保護，AI 的創作不行。隨著元宇宙或 AI 技術的發展，現行智慧財產權制度勢必會受到挑戰。

▶ 發生法律糾紛或爭端怎麼辦？

元宇宙發生的爭端可以在現實世界的法院解決嗎？當然可以，不過，元宇宙似乎是個無國界的領域，在虛擬領域發生的爭議，到底要到真實世

VR 穿戴裝置，僅是進入元宇宙世界的其中一項路徑。

界中的哪一個國家或哪一個城市的法院來處理，又應該依據哪一個國家的法律來解決，會是第一道要解決的難題。

除此之外，在虛擬世界發生的爭議，相關證據資料如何拿到真實世界的法官面前進行辯論，這也將會是讓律師頭痛的問題。或許有一天元宇宙的爭議就在元宇宙中解決，律師、法官及原告、被告都戴著 VR 眼鏡，化身為虛擬人物在元宇宙法院中進行訴訟攻防。

元宇宙是正在興起的概念，隨之而來科技浪潮，將會帶來新的生活體驗，可想而知也會產生新的法律糾紛及犯罪手法，都將會不斷衝擊真實世界的法律制度。

5 購買 NFT，究竟買了什麼？

呂思賢／寰瀛法律事務所助理合夥律師

從 2021 年 3 月，推特執行長第一則推特貼文 NFT 競標，以相當於美金 291 萬元結標，以及佳士得拍出 NFT「Everydays: The First 5000 Days」7000 萬美元天價，讓 NFT 在網路上的聲量有了爆發性的成長，此後隨著名人加持推波助瀾，NFT 話題熱度始終高居不下。

▶「行銷」與「對創作者支助」的應用

經過觀察，NFT 目前主要應用在「行銷」與「對創作者支助」，前者如推特第一則貼文競標過程，由唯二的 Bridge Oracle 執行長 Sina Estavi 和 BitTorrent 執行長 Justin Sun 參與，兩者皆是區塊鏈圈的要角，透過該競標喚醒大眾對 NFT 的注目。

「對創作者支助」奠基於 NFT 使用以太坊 ERC-721 協議的智能合約，創作者以 NFT 發行作品出售後，即使該 NFT 作品再轉手，創作者透過原先智能合約設定，仍可自轉手價格中取得一定成數的報酬，相較於傳統藝術品銷售，NFT 原作者能繼續從作品獲得收益。

▶ 雖然不可替代 不等於防偽

然而，NFT 雖有其價值，但自爆紅以來，經過媒體追捧渲染後，在投

機氛圍推使下，出現許多錯誤資訊，常見者如「NFT 具有不可替代性，故具備防偽特質」。雖 NFT 具有不可替代性，但這並不等於 NFT 有防偽功能。

舉個近期著名案例，前述賣出推特第一則推特貼文 NFT 知名交易平台 Cent，於 2022 年 2 月關閉了平台 NFT 大部分交易功能，原因就是因詐騙猖獗，由於任何人都能發行 NFT，交易平台上充斥著拿別人作品或複製品做為內容銷售的 NFT，平台創辦人 Cameron Hejazi 坦言，無法有效打擊詐騙橫行現象，並認為許多 NFT 交易活動只是使用金錢在追求金錢，於是索性關閉平台大部分 NFT 交易功能。由此可知，NFT 之不可替代特性，實與防偽無關。

要了解 NFT 買賣到底買什麼，可先從 NFT 區塊鏈本身的法律定性及作品內容權利兩點做簡單介紹：

1、NFT 是奠基於區塊鏈所發行的電子代幣

有關區塊鏈在民事法的特性上，應與同為區塊鏈的虛擬貨幣相同，本質上仍為電子紀錄，只是由於區塊鏈採用分散式帳本技術，交易紀錄須透過散落各地的電腦節點進行驗證（公有鏈為前提），具有不易竄改與複製特性，相較於傳統易於複製內容而無法形成支配性的電磁紀錄，區塊鏈可特定權利歸屬（如誰享有這顆比特幣、誰享有這枚 NFT），產生了一定的支配性。

區塊鏈到底可形成何種權利，司法實務與學說上仍無統一看法，臺灣高等法院臺南分院曾有一民事判決認為「比特幣為權利所依附之客體，其性質應屬『物』，且屬代替物」，依此見解，區塊鏈虛擬貨幣（比特幣）為物，可以類比理解如一千元紙鈔的紙為物，該紙張上乘載具有購買力的權利（如一千元購買力）。

但刑事法院多認為虛擬貨幣非有形財物，僅屬無形之財產上利益。學說上則對區塊鏈虛擬貨幣討論有更多不同看法，如債權、物（權）、無體財產權等不同說法。雖區塊鏈技術所開發的 NFT 及虛擬貨幣具有一定可支配特性，但並非所有可支配性的權利皆屬物權，許多具支配性的財產但非民法之「物」，多以立法方式確認權利，如礦業法之礦業權、智慧財產權等，故在區塊鏈未立法前，以我國現行法律架構下，似乎難直接將 NFT 或虛擬貨幣認為是物，故其權利亦難謂為物權。

2、更應在乎購買的 NFT 表彰的權利為何

有如一千元鈔票，人們真正在乎的是紙鈔上面表彰的一千元購買力。雖然常聽到 NFT 具有不具可替代性、獨立性，可做為權利的證明憑證，但實際上買受人購買 NFT 所取得的權利極其有限。

以著作財產權（著作權）為例，假設一創作者完成 NFT 數位作品，原則上該創作者原始取得該作品的著作權，之後該 NFT 被轉賣給買家，除非雙方買賣條件有著作權移轉約定，否則買家不當然取得著作權，除了合理使用外（例如向朋友炫耀），買家不能隨意將創作內容做為商業利用（例如重製為 T-shirt 販售）。

比起實體創作物，NFT 買家甚至無法獨佔欣賞的權利，因為很多 NFT 賣出後仍一直掛在原交易平台或原始存在之處（例如推特第一則貼文），換言之，買家雖砸下大錢，其他人仍能在網路上免費欣賞到相同的數位作品。因此，出資購買 NFT，類似像購買藝人出版的周邊商品，或是向直播主打賞，都是相當於贊助創作者的行為，若以投資為目的，購買者應更為謹慎。

出資購買 NFT，更像購買藝人出版的周邊商品，或是向直播主打賞。

第五章

勞動權益

大多數人都是受薪階級，也就是「勞工」的身分，在勞動權益日益進步的現代社會中，有什麼權利和義務是現代勞工應該知曉的事務？勞動權益的章節中，提到了通勤、值日夜班、因為疫情而實行無薪假、勞動調解等等面向，也探討外送員算不算勞工？身為勞工的我們，需先知道有哪些法律保護我們，才能更進一步爭取屬於自己的權益。

CHAPTER 5

1 勞工或非勞工？
——歷久彌新的大哉問

劉芷安／寰瀛法律事務所律師

為保障勞工權益，台灣制定了諸多勞動法令，規定雇主必須遵守。例如：雇主應注意勞工的工作時間是否過長、提供勞工有薪休假、避免勞工發生職業災害及為勞工投保勞健保與提撥退休金等，須時時刻刻戰戰兢兢，否則一不小心就可能觸法；相對而言，勞工除了付出勞務可得報酬外，還享有許多法律賦予的權利。

▶ 勞工身分　從屬性特徵

不過，「勞工」身分如何認定呢？台灣司法實務多數認為其應具有下列「從屬性」特徵：

1、人格上從屬性：

勞工提供勞務過程中受雇主指揮、監督及命令，由雇主分派工作、決定勞務給付的時間、地點與方式等，勞工須服從雇主權威，有遵守服務紀律、接受考核、懲戒或制裁的義務，並應親自履行，不得使用代理人。

2、經濟上從屬性：

勞工以提供勞務向雇主領取工資，非為自己而是為雇主的營業目的而勞動，不直接分享雇主經營事業的利潤，當然無須自行承擔營業風險。

食物外送已是疫情時代崛起的行業之一。

3、組織上從屬性：

　　勞工被納入雇主的企業或生產組織體系，與同事間處於分工合作狀態。於認定時，應依照個案實際運作狀況及整體契約內容為實質判斷，不能僅憑契約的形式、名稱或文字來決定是否為勞工。

▶ **零工經濟崛起　身分認定不容易**

　　是否符合勞工身分是個古典的議題。於抽象概念上，台灣實務在認定標準上有時雖略有不同，但多未超脫上述從屬性的判斷模式。勞動契約與

承攬契約、委任契約似可明確區別，但運用到具體個案時，由於存在著各式各樣的工作模式，仍時常產生爭議，台灣以往便有如經理人、保險業務員身分認定的爭論，司法院大法官更為後者做出釋字第 740 號解釋。

近年由於零工經濟的崛起，透過數位平台從事工作的載客司機或食品外送員等，其身分界定成為一大難題，他們是否為勞工？是否適用相關勞動法令？已在各國引發熱烈討論與研究。台灣近期即因為食品外送員於送餐過程中發生交通事故死亡，而產生食品外送員是否為平台業者僱用的勞工？平台業者是否須依法負擔職業災害的雇主責任等爭議。為此，勞動部特別於 2019 年底制定「勞動契約認定指導原則」、「勞動契約從屬性判斷檢核表」，作為判斷勞動契約、勞工的參考指引。

滑滑手機，就能叫來 Uber，但他們是勞工或非勞工？

▶ 外送員滿街跑　勞工還是勞務承攬？

關於食品外送員是否為勞工的爭議，目前台灣已有不少案件經勞工行政主管機關認定為平台業者的勞工，因此平台業者應為外送員提繳勞工退休金、申報參加勞工保險及就業保險，然平台業者主張其與外送員間是承攬關係，拒絕提繳勞工退休金、申報勞工保險及就業保險而被裁罰。

儘管事後平台業者提起訴願，訴願審議委員會多數仍認為雙方間應屬僱傭關係，將訴願駁回。不過根據報載，食品外送平台業者也試圖提出因應之道，勞工行政主管機關後來於實施勞動檢查時，即有發現部分平台業者不再限制外送員須穿戴制服或指定裝備，且可以在多家平台接單或拒單等，可見平台業者也希望藉由修正契約、調整工作內容的方式，將法律關係導向承攬關係，藉此免除依勞動契約應負的雇主責任。

▶ 準勞工概念誕生

未來隨著社會經濟發展，可以預見會產生更多新的勞動型態，例如提供勞務時不會受到時間與地點的拘束或受拘束程度甚小、或有更多的自主權限，對於勞工身分的認定上勢必更加困難。若該些工作者被認定欠缺人格上從屬性，即非屬勞工，無法受到相關勞動法令保障，然而往往他們也有與勞工類似之處，某些方面同樣有需要受勞動保護的必要，以往勞工、非勞工的二分法，可能就無法繼續因應新世代的情況。

「準勞工」或「類似勞工」的概念也應對而生，想針對欠缺人格從屬性而非勞工，但同時也有受勞動保護需求的工作者，另闢途徑，突破傳統二分方式，未來台灣會如何發展，值得關注。

2 免死金牌不再有 ——勞工值日夜回歸勞基法

劉芷安／寰瀛法律事務所律師

「事業單位實施勞工值日（夜）應行注意事項」（下稱值日夜注意事項）自 2022 年 1 月 1 日起正式停止適用，若勞工從事值日夜的工作，該段時間即應一律認定為勞工的工作時間，超過法定正常工時之時數，須計入延長工時時數，雇主並應依法給付加班費。

▶ 勞基法規定基本工時

工時與工資向來是勞工與雇主最為重視的兩大勞動條件，二者又環環相扣，勞動基準法（下稱勞基）對勞工的正常工時，設有每日與每週上限，每日不得超過 8 小時，每週不得超過 40 小時。若有超過部分便屬延長工時，也就是俗稱的加班，雇主應發給勞工加班費，且勞工可以加班的時數一樣受到限制，勞基法規定勞工的正常工時連同延長工時，一日不得超過 12 小時；而延長工時的時數，一個月不可超過 46 小時。如果雇主未依法給付加班費、使勞工加班時數超過上限，將會遭主管機關裁罰。

▶ 額外從事的值日夜

不過在勞動現場，因應營運需求，雇主有時須要勞工額外從事與平日不同、通常較為輕鬆的工作。此是否屬勞基法的工作時間？是否須按勞基法規定給付加班費給予勞工？為此，主管機關勞動部於勞基法施行隔年即

值日夜過往得只發津貼不算加班，2022 年開始回歸勞基法工時與工資規定。

1985 年（當時仍為內政部勞工司）時便訂定值日夜注意事項，以茲規範。

值日夜注意事項所稱之「值日（夜）」，是指勞工應事業單位要求，於工作時間以外，從事非勞動契約約定的工作，如收轉急要文件、接聽電話、巡察事業場所及緊急事故的通知、聯繫或處理等工作而言（值日夜注意事項第 1 點）。

由此可知，若符合值日夜注意事項規定的值日夜情況，勞動部認為該時間非屬勞基法上的工作時間。也因此，讓勞工從事值日夜工作，部分實務見解認為不會涉及加班費給付之問題；至於該段時間的報酬（津貼）金額，則交由勞雇雙方自行議定（值日夜注意事項第 5 點）。

值日夜注意事項是考量到值日夜的工作內容，大多是臨時間歇性、突發性或監視性工作，不須長時間付出高度專注力或體力，為勞力密集程度較低、非持續性的工作，與日常工作有別，而認為不能以正常工作時間等同視之，應該認為是就勞基法所為的補充規範。

▶ **值日夜與平日工作無異**

然而外界多年來對這看法有許多批評，指出勞工於值日夜的時段，在時間與空間上也都無法脫離雇主的指揮、監督及管理，實與平日工作無異，認為勞動部未將勞工值日夜時間認定為工時，勞工也僅可請求值日夜津貼，該津貼金額甚至需要勞工與雇主協商決定，都難以保障勞工。

為了回應外界的檢討訴求，勞動部於 2019 年 3 月修正值日夜注意事項，增訂對值日夜津貼金額的建議，指「宜」不低於每月基本工資除以 240 再乘以值日夜時數。最重要的是宣布將讓值日夜注意事項走入歷史，考慮到

過往部分勞工值日（夜）只能領取微薄津貼，例如建築工人晚上值夜留守工地。

雇主有調整或增補人力的需要，須要有因應時間，因此未立刻讓值日夜注意事項失效，而是訂定了落日條款，預告值日夜注意事項於 2022 年 1 月 1 日起停止適用。

　　因此自 2022 年 1 月 1 日起，值日夜工作回歸勞基法上工時與工資的相關規定，值日夜時間應計入工作時間，超過正常工時部分應算入延長工時時數，雇主應注意是否符合正常工時及延長工時時數的上限規定，並就超時部分依法給付加班費。因此雇主不可再以過往值日夜注意事項的相關規定作為處理勞工值日夜工作依據，否則恐有違法而遭主管機關裁罰的風險。

3　沒有申請加班，就不能請領加班費？

何宗霖／寰瀛法律事務所合夥律師／前桃園地方法院法官

　　企業為經營管理需求，在勞動契約約定或在工作規則中，規定員工若有加班需要時，應事先提出申請，經過雇主或主管同意後始予准許加班，以避免員工於無加班需求的情況，仍故意將工作拖延，或為請領加班費而逾時留滯的情形，這就是所謂的「加班申請制」。

▶ 出勤紀錄　就等於雇主同意的上班時間？

　　2020 年 1 月 1 日起施行的勞動事件法第 38 條規定：出勤紀錄內記載的勞工出勤時間，推定勞工於該時間內經雇主同意而執行職務。也就是說，出勤紀錄（打卡資料、簽到簿等）中所記載的時間，在法律上推定是員工經過雇主同意的工作時間。該條文規定，具有減輕勞工在加班費爭議上舉證責任的意義。

　　不過，出勤紀錄內記載的員工出勤時間，雖然可以推定員工於該時間內經雇主同意而執行職務，但是雇主也可以提出勞動契約、工作規則或其他管理資料作為反對的證據。實務上較常發生爭議的情形，是雇主抗辯出勤記錄中正常工時以外所載的工時，是員工未經雇主同意而「自主加班」。在設有加班申請制的企業中，雇主得否以員工未遵守加班申請規定，而作為勞動事件法第 38 條「經雇主同意」的反證？員工如果確實有延長工作的需求，是否因為沒有事先申請加班，就不能請領加班費？

▶ 沒申請就不能領加班費？法院見解未一致

關於這個問題，實務上尚未有一致見解。有法院見解認為即使員工有加班的事實，但是員工既然沒有依照規定事先申請加班，也就無法請領加班費。另外也有採取相反意見的法院見解，認為勞工經常屬弱勢的一方，或有時囿於組織文化、氛圍或潛規則（不能比主管早下班、為求升遷自願加班而放棄加班費等），難以立於平等地位與雇主協商，如果員工基於雇主明示的意思而加班，或雇主明知或可得而知員工在其指揮監督下加班，卻未制止或為反對的意思，雇主仍應給付員工加班費，不因採企業是採取加班申請制度而有所不同。

也有採取折衷的見解，認為雇主具有監督管理員工出勤的權利，且掌握員工出勤紀錄，如紀錄有與事實不符的情形，雇主可即為處理及更正，故原則上推定員工出勤紀錄所載的加班時間，都是經過雇主同意且員工有實際加班的事實，但是雇主可以提出其他證據推翻，例如：提出監視器錄影畫面證明員工是滯留公司使用公司的健身器材，提出電腦開關機時間紀錄以證明員工關閉工作電腦後在座位上滑手機等待家人接送，並未實際提出勞務等。

由於勞動事件法施行迄今約 2 年餘，雇主得否以勞工未遵守加班申請規定，而作為勞動事件法第 38 條「經雇主同意」的反證一事，尚未有一致的見解，將來法院見解仍有待觀察。加班申請制雖可認為是雇主為管制員工自主加班時就加班必要性的審核措施，不過法律上既已賦予雇主管理出勤紀錄的權限，企業應建立出勤紀錄異常管理的機制，雇主一旦發現員工晚下班卻沒有申請加班時，務必要確認員工是否是從事公務，如果不是，則要修正出勤時間，以確實記錄員工的在勤時間，才能落實勞動事件法第 38 條的立法目的，避免產生後續紛爭。

4 加班費想怎麼給就怎麼給？

何宗霖／寰瀛法律事務所合夥律師／前桃園地方法院法官

　　企業為了經營上的需求，有指派員工加班的必要，對於某些勞工而言，加班費也佔總收入的一部分，成為不可或缺的收入來源。然而，員工在長時間工作後，必須獲得適當的休息以培養蓄積勞動力，既維護自己身心健康，也保持企業的生產力。我國勞基法就工作時間、加班時間均設有上限規定，以避免員工因超時工作而過勞。

▶ 加班費的規定看分明

　　勞基法除了就工作時間設有上限外，就加班費的計算方式，也設計為加成計算。

1. 平日加班前 2 小時，按平日每小時工資額加給 1/3 以上；再加班 2 小時以內，按平日每小時工資額加給 2/3 以上。
2. 休息日出勤前 2 小時，按平日每小時工資額再加給 1/3 以上；2 小時後再繼續工作者，按平日每小時工資額再加給 2/3 以上。
3. 休假日出勤工資加倍發給。

　　舉例來說，員工月薪 3 萬 6000 元，平日每小時工資額為 150 元（36,000÷30÷8=150），平日加班前 2 小時的每小時加班費為 200 元（150×4÷3=200），平日加班後 2 小時的每小時加班費則為 250 元

（150×5÷3=250），目的希望以經濟上的手法，讓雇主覺得讓勞工加班「並不划算」，透過「以價制量」達到抑制加班之功能。

▶ 不是以時間計算加班？

由加班費計算方式可知，勞基法就加班費的計算單位為「時間」，然而在我國層出不窮的給付加班費勞資爭議案件中，經常見到雇主與勞工間約定，不是以「時間」為單位的加班費計算方式。

最常見可分為 2 種類型：1. 薪資內包含加班費，也就是不管加班有無及加班時數若干，採取以一定額度來給付工資總額。2. 以特定薪資名目約定取代加班費，給付內容加入「工作成果之參數」，而非單以工作時間為準，此種方式在客運業、貨運業相當常見（例如：載客獎金、趟次獎金、里程獎金等）。

關於勞資雙方間約定不依勞基法規定的方式計算加班費，這樣的約定效力為何，司法實務上以往未有一致見解。一種見解認為只要勞資雙方約定的薪資，不低於「基本工資」及以基本工資為基準計算的加班費，即屬合法。；也有見解認為勞基法關於勞工加班、休假及例假日工作的加給等規定，都是強制規定，勞資雙方均應遵守。也就是說，勞資雙方間不依法定方式計算加班費的約定。違反勞基的規定就是無效。以上 2 種見解在各級法院的不同判決中都曾出現，莫衷一是。

▶ 最高法院的意見

勞動事件法自 2020 年 1 月 1 日施行至今已逾 2 年，最高法院也依該法第 4 條規定，成立了兩庭勞動法庭。其中一庭勞動法庭（民五庭）針對上

述問題，已作成數則判決（最新的判決是 2022 年 4 月 21 日 111 年度台上字第 4 號民事判決），明確表示勞基法第 24 條、第 39 條為強制規定，勞資間未依上述方式計算加班費的約定為無效。

另一庭勞動法庭（民二庭）則尚未針對此問題表示意見。倘若將來最高法院均採取「強制規定說」，下級審法院所面臨的問題是：「勞資間計算加班費的約定無效，那麼該如何計算加班費？」

▶ 不以時間計算加班　並非全無優點

首先應先確認，另行約定的加班費能否與其他工資得明確區分？若未能區分時（例如不考慮員工是否加班而定額給付總工資的方式），該定額月薪則難以認定包含加班費。其次，若另行約定加班費給付標準、或其他約定替代加班費的津貼、獎金等，能夠與其他工資項目明確區分，則將另行約定的加班費自月薪中扣除，再依勞基法第 24 條、第 39 條規定標準計算雇主應發給的加班費數額後，扣除勞工已實際領取部分加班費，核算雇主有無短付加班費。

對企業而言，因應產業特性，發展出有別於勞基法以「時間」為單位的計算加班費方式。像是客運業避免司機刻意降低行車車速，延長行車時間獲取加班費，損及乘客權益。對部分勞工而言，不以勞基法的方式計算加班費反而明確、便於計算（例如：貨運司機以趟次計價，載得多賺得多）。

司法實務「強制規定說」的見解，可能致使員工在離職後，反咬雇主短付加班費，而計算上因必須將勞資間曾合意的加班費約定認為無效，並以該數額再依勞基法規定加成計算加班費，造成工資數額大幅膨脹的不公平現象。建議企業應儘速檢視加班費給付方式是否與勞基法規定相符、加

班費能否與其他工資項目明確區分等事項，以避免將來發生勞資糾紛或遭勞動主管機關裁罰的風險。

知法熟法

· 勞動基準法第 24 條

1. 雇主延長勞工工作時間者，其延長工作時間之工資，依下列標準加給：

   一、延長工作時間在二小時以內者，按平日每小時工資額加給三分之一以上。

   二、再延長工作時間在二小時以內者，按平日每小時工資額加給三分之二以上。

   三、依第三十二條第四項規定，延長工作時間者，按平日每小時工資額加倍發給。

2. 雇主使勞工於第三十六條所定休息日工作，工作時間在二小時以內者，其工資按平日每小時工資額另再加給一又三分之一以上；工作二小時後再繼續工作者，按平日每小時工資額另再加給一又三分之二以上。

5 無遠弗屆的競業禁止約款？

何宗霖／寰瀛法律事務所合夥律師／前桃園地方法院法官

企業為保護其營業秘密、營業利益、商業機密或維持其競爭優勢，要求員工在離職後的一定期間、區域內，不得受僱或經營與其相同或類似的業務工作，此即所謂「離職後競業禁止約款」。

▶ 競業禁止約款　需符合 4 要件

競業禁止約款具有避免員工與前雇主之間產生不公平競爭、保護企業的營業利益，降低企業間競逐員工成本等優點；相對的，也造成員工職業選擇自由、工作權或生存權的侵害，以及抑制勞動市場競爭等缺點。為了平衡保障雇主的營業秘密、正當營業利益，與勞工離職後就業權益，勞基法於 2015 年增訂第 9 條之 1 規定，明訂雇主須與勞工以書面方式約定競業禁止，且禁止年限不得超過 2 年，須符合 4 個要件，違反各款規定之一者，競業禁止約款即為無效。

1. 雇主有應受保護之正當營業利益。
2. 勞工擔任之職位或職務，能接觸或使用雇主之營業秘密。
3. 競業禁止之期間、區域、職業活動之範圍及就業對象，未逾合理範疇。
4. 雇主對勞工因不從事競業行為所受損失有合理補償。

▶ 地域限制的合理範疇？

現代科技革新快速，企業營業範圍往往不限於單一市場，甚至佈局全球，可否與員工約定不限區域的競業禁止條款？這樣能被法院認定屬於「合理範疇」？近期司法實務上的著名案例，是台積電與其採購處經理約定「於離職後 18 個月內，不得受僱於目前或未來從事半導體晶圓製造及相關服務的業者，或不得為競爭對手提供服務，亦不得設立公司或其他商業組織從事與伊之製程與服務相競爭之行為」的競業禁止條款，然該經理離職後，在競業禁止期間即到中國紫光集團轄下公司擔任採購副總裁。

台積電向該員工求償，一審法院判決員工應賠償台積電 250 萬元，該員工上訴後，第二、三審均駁回其上訴而告確定。法院認為台積電為全球知名晶圓代工事業，各國半導體業者都以台積電為競爭對象，未限制區域自屬必要而無不當。

▶ 考量限制區域　與企業利益合理關連

根據經濟部 2021 年《中小企業白皮書》記載，台灣中小企業家數為 154 萬 8,835 家，占全體企業 98.93%，中小企業就業人數達 931 萬 1 千人，占全國總就業人數的 80.94%，顯見台灣仍是以中小企業為主的產業結構。「護國神山」台積電與其員工間的競業禁止約款，並不見得能套用在多數中小企業上。

建議企業擬定競業禁止約款時，必須考量限制的區域要與企業需要保護的正當營業利益具有合理關連，以避免遭法院認為逾合理範疇而無效。以物理範圍劃定營限制的競業禁止約款，將來如何進一步運用在網路服務業，甚至元宇宙虛實結合的數位空間中，將是未來需要釐清的問題。

6 企業怎樣放無薪假 ——疫情來襲的勞資雙贏策略

江如蓉／寰瀛法律事務所資深合夥律師
劉芷安／寰瀛法律事務所律師

　　隨著嚴重特殊傳染性肺炎（COVID-19）疫情，全球大爆發，各國經濟活動停擺，對企業營運與勞工就業造成極大衝擊。當企業受到景氣因素影響，導致停工或減產時，雇主多會考慮採取減少勞工工作時間，以減少應給付勞工的工資，即所謂「減班休息」（又稱為無薪休假）。一方面，雇主可以減少其人事營運成本，另一方面，勞工也可以避免直接被解僱，面臨更大的經濟問題，在這段非常時期，或可算是勞資雙贏的方式。

▶ 無薪假應該怎麼處理？

　　各產業如因當前疫情影響，導致業務緊縮、營運困難時，雇主即得依勞動部所訂定的「因應景氣影響勞雇雙方協商減少工時應行注意事項」相關規定，實施減班休息，但須注意下列事項，以免受罰或影響相關權益。

1、須經勞工同意：雇主應與勞工協商並取得其同意始可實施減班休息，否則即應給付勞工原約定的工資，不可片面減少。

2、須符合基本工資最低規定：應提請雇主注意者，如果勞工採按月計酬的全時勞工者，則其每月的工資，不可以低於基本工資（2022 年 1 月 1 日起每月基本工資為新台幣 25,250 元）。

受到疫情影響，不少企業的營運受到極大挑戰。

3、建議先與工會、勞資會議協商討論：為求勞資關係和諧，若企業有工會組織者，建議雇主宜先與工會協商，或可透過勞資會議討論，但此非必要程序。若雇主未與工會或勞資會議協商討論，無礙於實施減班休息。

4、應約定實施期間與方式：無薪休假，應約定實施的起迄時間，與實施方式（每日工作時數與每週、每月工作日數，或其他方式）。原則上實施期間不可超過 3 個月，期間屆滿後有再延長必要時，須再次取得勞工同意。

5、新制勞工退休金：雇主仍需要按照勞工「原領薪資」為勞工提繳退休金。

6、無須出勤日出勤工作：實施期間，若雇主需要勞工在約定的無需出勤日出勤工作者，應經勞工同意，並須另給付勞工當日工資。

7、通報勞工勞務提供地行政機關：實施減班休息的企業，應通報勞工勞務提供地的地方勞工行政主管機關及勞動部勞動力發展署所屬分署；若縮減工作時間的實施期間或方式有變更時，也應該通報。雇主若未依規定通報，地方勞工行政主管知悉後，將進行瞭解並依法處理。但是此規定目前並無相關罰則，因此雇主若未通報，不會因此受處罰，但若需要向政府申請相關補助或措施時，可能即會受到影響或無法申請適用。

▶ 無薪假期間可以多做點什麼？

　　企業或勞工如因疫情影響，而有減班休息情況發生，或許可以妥善利用勞動部以下相關措施，藉此提高自身的就業競爭力，以及降低自身的經濟困境。

1、充電再出發訓練計畫：此計畫補助受疫情影響，減班休息的企業訓練費用，鼓勵勞工利用減班休息時段參加訓練，並給予津貼。但補助的對象，限於勞資協商減少正常工時，並經通報當地勞工行政主管機關的企業與受僱勞工。

　　企業辦理職業訓練課程，補助金額最高為 350 萬元，包括講師鐘點費、外聘講師交通費、教材及文具用品費、工作人員費、場地費等。參加訓練課程的勞工，得依實際參訓時數申請補助訓練津貼，標準比照每小時基本工資額發給，2022 年 1 月 1 日起每小時基本工資為 168 元，每月最高補助 144 小時，計 24,192 元；但補助時數不可超過每月約定減少的工時數。

企業怎樣放無薪假
──疫情來襲的勞資雙贏策略

旅館業的從業勞工,也
受到疫情嚴重影響。

2、勞保、就保、健保保險費及勞工退休金緩繳協助措施:因受疫情影響,向當地勞工行政主管機關通報減班休息的企業,可於申請期間,向勞動部勞保局及衛福部健保署各區業務組申請緩繳勞保、就保、健保保險費與勞工退休金。得申請緩繳保費的保險期間,為 2022 年 5 月份至同年 10 月份,共計 6 個月的勞、就保、健保保險費及勞工退休金,企業得延後半年繳納,緩繳期間免徵滯納金。

按勞動部統計,疫情發生後,勞資協商減少工時的人數深受國內疫情影響,隨我國疫情爆發於,減少工時人數即一路大幅攀升,2022 年 6 月抵達 22,179 人,為 2022 年新高,然隨疫情和緩,應有望好轉,至 7 月 8 日時即降至 18,081 人。但是全球疫情依然處於大流行階段,恐怕難於短期內結束,未來減少工時人數仍有逐漸增加的可能,雇主如欲實施減班休息,除應遵守勞動部訂定的應行注意事項外,也可留意政府相關部會,針對疫情所提供或推動的相關補助措施或優惠訊息,才能共創勞資互利共生,攜手共度難關。

7 新冠肺炎疫情再起 ——還有「薪」情工作嗎？

王雪娟／寰瀛法律事務所資深合夥律師
趙家緯／寰瀛法律事務所律師

　　近期台灣疫情再度升溫，確診案例接連多天突破數萬人，部分產業再度受到慘烈影響，依勞動部 2022 年 5 月 24 日公布最新企業實施無薪假統計數字，目前實施企業高達 2,479 家，實施人數則有 15,781 人，其中尤以「支援服務業」1,463 家共 9,061 人、「住宿及餐飲業」184 家共 1,549 人「製造業」112 家共 1,379 人，首當其衝。

▶ 疫情來臨　原本不該有無薪假

　　值得留意的是，無薪假並不是法律上專有名詞，更不是企業可以恣意採行的營運制度。所謂無薪假正確名稱為「勞雇雙方協商減少工時」，因景氣因素造虧損，企業為避免再支出過多營運成本要求勞工停工或部份停工，應屬可歸責於企業之事導致勞工無法提供勞務，本應依約給付全額工資。

　　只是依勞動部公布的「因應景氣影響勞雇雙方協商減少工時應行注意事項」（下稱減少工時注意事項），如企業受景氣因素影響致停工或減產，為避免資遣勞工，造成更多社會問題，勉強允許企業實施「勞雇雙方協商減少工時」，即所謂的無薪假。此外，勞動部於 2020 年 2 月 10 日勞動條 3 字第 1090044699 號函表示，企業如因新冠肺炎疫情影響致業務緊縮營運困難時，也可以按減少工時注意事項實施無薪假。

▶ 實施無薪假時留意事項

　　然而企業實施無薪假時，依減少工時注意事項相關規定，仍需留意下列事項，以免違法受罰。首先，減班休息由於涉及個別勞工須以書面取得個別員工同意；只是如果企業有勞資會議或工會，為求勞資關係和諧，勞雇雙方雖可先透過勞資會議或工會，就應否採行無薪假進行討論協商。但協商並無強制效力，且因無薪假涉及個別勞工勞動條件的變更，縱使經勞資會議或工會同意後，仍應徵得勞工個人同意。

　　其次，企業與個別勞工協商同意實施無薪假後，雖可另行約定減少工時並按比例減少薪資，但如屬月薪制的勞工，企業縱與其約定全月均無須出勤工作，每月給付薪資最少仍不得低於基本工資。如果企業要求勞工於原先約定無須出勤日提供勞務，應取得勞工同意並另外給付薪資，如果讓勞工加班情形也需給付加班費。

　　企業實施無薪假時，以不超過三個月為原則且需提前通報主管機關並繳交相關文件，企業營運如已恢復正常或勞資雙方合意的無薪假實施期間屆滿，應即恢復勞工原有勞動條件。

▶ 無薪假期間　仍應原薪資提繳勞退

　　許多企業疏忽之處在於，企業在實施無薪假期間，仍應按勞工「原先工資金額」為勞工提繳勞工退休金，但關於勞工勞、健保部分實施減班休息期間，則可檢具相關文件資料向勞保局、健保局，辦理調降勞健保費投保薪資金額，以勞工「實施無薪假期間工資金額」投保。

　　新冠肺炎疫情再創高峰，儘管並沒禁止內用，相關管制措施也較諸過往更為寬鬆，但疫情影響仍造成許多產業營運壓力大增，在疫情劍拔弩張之際，企業在遵守相關無薪假法令制度下，與勞工協商實施無薪假度過營運難關，誠屬刻不容緩的課題。

8 新冠肺炎疫情期間累了嗎？
——今天想來點什麼假

趙家緯／寰瀛法律事務所律師

近兩年新冠肺炎疫情席捲台灣，政府對於防疫措施不斷超前部署、推陳出新。對於勞工而言，最開心的莫過於各種防疫假的施行，但是勞工假別百百種，如何因地制宜，制訂完美的請假攻略，避免依法應享有的勞動權益被雇主忽略；相對的，從另一個角度切入，雇主應如何小心應對才不會被勞工給牽著鼻子走？

▶ 防疫措施相關的假別

不論是勞工或雇主想要在這場請假攻防戰中勝出，首要之務必須了解與防疫措施相關的假別有哪些。

1、**防疫照顧假：**防疫照顧假是政府因應新冠肺炎疫情所新設立的假別，因此員工基於防疫需要，在符合「照顧 12 歲以下的學童」、「照顧持有身心障礙證明的國高中生與五專 1 到 3 年級的學生」及「照顧因短期補習班、幼兒園或兒童課後照顧服務中心停課之受托子女」的資格，家長其中一名即可申請防疫照顧假。目前相關法令未強制雇主應給付員工防疫照顧假的薪資，宜由勞資雙方自行協商

2、**疫苗接種假：**疫苗接種假與防疫照顧假相同，皆是因應新冠肺炎疫情所新設立的假別，勞工在施打疫苗時，可在接種當天和隔日請 2 天的

受到疫情衝擊，不少企業實施無薪休假或者在家上班。

疫苗接種假，雇主在員工符合資格時應予准假，目前相關法令也未強制雇主應給付員工疫苗接種假的薪資，宜由勞資雙方自行協商。由於疫苗接種假與勞工原本就能請的病假並不衝突，且勞工一年病假上限為 30 天，因此員工請病假去施打疫苗，還能領半薪，或許不失為一好方法。

3、**防疫隔離假：** 防疫隔離假是依據嚴重特殊傳染性肺炎防治及紓困振興特別條例（下稱紓困特別條例）第 3 條第 1 項規定所制訂，在符合「衛生主管機關認定應居家隔離、檢疫、集中隔離或檢疫而無法出勤」或「為照顧生活不能自理之受隔離者、檢疫者而請假或無法從事工作之家屬」資格，即可請防疫隔離假。

　　至於勞資雙方都很關心的議題，防疫隔離假雇主是否需要給薪呢？勞動部指出，需視勞工染疫或受隔離的原因是否可歸責於雇主而定，如是可歸責於雇主之事由（例如指派員工至返台需要接受隔離的地區出差），雇主即負有給薪義務。如果是不可歸責於雇主的事由（例如員工自行出去玩染疫接受隔離），雇主則無給薪義務，宜由勞資雙方協商。

　　值得留意的是，如雇主有給薪，則可從所得稅的所得額中加倍減除。此外，員工如請防疫隔離假卻未受領薪資，在未違反隔離或檢疫規定下，依紓困特別條例第 3 條第 1 項規定，得申請防疫補償。

▶ 防疫假不能視為曠職或事假

　　值得留意的是，上開三種假別性質上屬防疫應變特別措施，所以雇主在員工符合資格時應予准假，且不得視請假員工為曠工或強迫勞工以事假

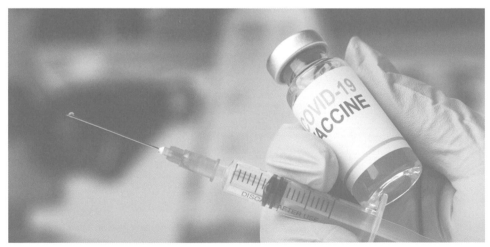

疫苗接種假與防疫照顧假相同，皆是因應新冠肺炎疫情所新設立的假別。

新冠肺炎疫情期間累了嗎？
——今天想來點什麼假

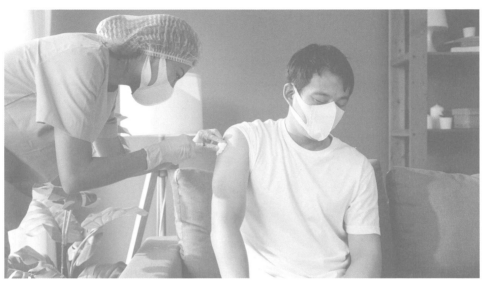

接種疫苗已是台灣人近兩年的共同記憶。

或其他假別處理，亦不得扣發全勤獎金、解僱或給予不利的處分，否則恐有違反勞動基準法第 22、38 及 43 條規定的風險，而遭裁處行政罰鍰。

　　除了上面介紹的三種與防疫措施息息相關的假別外，勞動基準法及性別工作平等法也給予了員工特別休假、家庭照顧假及事假等假別，提供員工視自身需求彈性運用。

　　同時為了使受疫情影響致業務緊縮營運有困難的雇主得以度過寒冬，勞動部亦有訂定「因應景氣影響勞雇雙方協商減少工時應行注意事項」，讓符合要件的雇主得實施減班休息的制度（即所謂無薪休假），勞資雙方如何在新冠肺炎疫情中共榮共存，勢必是今後勞資雙方需要面對的重要課題。

9 上班時順便買早餐出車禍？
——通勤與職災的距離

陳秋華／寰瀛法律事務所主持律師
趙家緯／寰瀛法律事務所律師

　　近期新聞報導一名台南勞工早上在前往公司途中特別多騎了 5 分鐘路程去買鹹粥，卻發生了車禍，最後法院認定構成職業災害，同時也引發台灣各縣市間爭奪美味早餐王座的戰爭。對於員工而言，吃早餐皇帝大，但對於企業來說，發生職業災害時需負擔無過失補償責任，風險不可謂不大。因此，怎麼釐清通勤災害是否屬於職業災害、如何降低補償責任風險等，不失為企業風險管理的重要課題之一。

▶ 適當時間通勤發生事故就屬於職災？

　　所謂通勤災害，依勞工保險被保險人因執行職務而致傷病審查準則的相關規定、目前主管機關及多數實務見解的看法，在符合「勞工準備提出勞務」、「於適當時間」、「從日常居住處所往返就業場所」及「應經途中」的要件下，發生事故而受傷就會被視為職業災害。但需注意，勞工私人行為而違反法令，像是違規闖紅燈、酒後駕車等導致的通勤災害，則不屬於職業災害。

　　至於上述「適當時間」及「應經途中」應如何解釋，想必大家充滿問號，目前法院也無絕對一致的標準，而需於個案中綜合一切情形判斷。但實務判決仍有進一步說明需考量勞工上下班所需耗費的通勤時間及通勤路徑是

通勤上下班時吃個早餐喝個咖啡，若發生事故，都可能構成職災。

否合理來判斷通勤災害是否屬於職業災害。所謂合理通勤時間及通勤路徑並非全以上下班最短路徑及時間，或以 Google 地圖規劃的路線作為標準，實務判決也很貼心地針對「購買早餐」及「接送小孩」兩種常見類型的通勤災害有詳細說明判斷標準。

▶ 常見的兩種通勤職災

「購買早餐」的通勤災害中，最近台南法院的判決就認為，勞工下班後雖然繞道前往吃鹹粥，但此為台南地區部分人日常生活所必需的私人行為，雖然不是公司返家的最短路徑，但僅需多花 4 至 5 分鐘，依社會經驗法則尚在合理的生活圈，應屬合理的通勤路徑，故屬於職業災害。然而，另有其他判決則認為，勞工前往公司應往西南方行駛，其卻往東北方向行駛至離住家 1 公里遠的早餐店購買早餐，此路線並不構成從勞工住家至公司的合理應經途徑，應非屬職業災害。

在「接送小孩」的通勤災害中，有法院判決認為接送小孩屬私人行為，與工作無關，且接送小孩的地點如與勞工前往公司的方向不同，顯然屬於不合理的應經途徑，自然不構成職業災害。但是也有法院判決認為，接送小孩屬現代社會中父母「日常生活必需之行為」，因此應以勞工日常生活的住所地作為圓心，在一定距離下向外幅射涵蓋的範圍，作為認定符合上班前後接送子女的「合理路徑」，在此範圍內發生交通事故，也可認為屬職業災害。

▶ 通勤災害認定成職災　雇主應負無過失補償責任

而當勞工發生職業災害時，依勞動基準法第 59 條規定，企業對於勞工之死亡、失能、傷害或疾病等情形，不論企業有無故意、過失，均應負無

上班時順便買早餐出車禍？
——通勤與職災的距離

接送小朋友上放學，是許多家長都曾有過的經驗。

過失補償責任。除此之外，縱使勞工治療中不能工作，企業也應補償工資。

　　由於通勤災害往往屬於意外難以預防，最佳的防範風險之道是藉由為勞工投保勞工保險，勞工自勞工保險局受領的各項職災給付，企業均得予以抵充扣除，並得藉此減輕企業的補償責任。近期「勞工職災保險及保護法」已實施，將擴大納保範圍並提高多項職災給付的額度，不僅更加完善勞工遭遇職業災害的保障，對於企業而言，得予抵充的額度也隨之提高，可謂替勞工及企業創造雙贏局面。

　　不論你是高雄人早餐要買鍋燒意麵，還是台南人早餐要喝牛肉湯，或是上下班途中要先接送小孩上學的父母親，均應回歸前述審查準則規定及法院判決所採用的「合理通勤時間及通勤路徑」，判斷通勤災害是否屬於職業災害。同時建議企業仍應據實替員工投保勞工保險為宜，否則不僅有遭主管機關裁罰的風險，恐亦需負擔過重的職業災害無過失補償責任。

10 企業面對職場霸凌之因應之道

何宗霖／寰瀛法律事務所合夥律師／前桃園地方法院法官

「霸凌」一詞源自於英文的「Bully」，此一詞彙雖出現未滿 20 年，但「職場霸凌」的行為卻早已長期存在職場社會中。

▶ 常見的職場霸凌態樣

所謂職場霸凌是指勞工於職場上，遭受主管或同事利用職務或地位上的優勢予以不當對待，或遭受顧客、服務對象、其他相關人士的肢體攻擊、言語侮辱、恐嚇、威脅等霸凌或暴力事件。

常見的職場霸凌態樣有：肢體暴力（拳打腳踢、丟擲物品）、言語侮辱（在其他員工面前大聲斥責、辱罵）、歧視、孤立（刻意不給予任何工作、安排至特定處所隔離）或是不友善的高壓工作環境（給予不可能或難以達成的工作要求）等，除了可能使勞工受到身體上的傷害外，受霸凌勞工也可能罹患憂鬱症、恐慌症、創傷後症候群等心理上的疾病，甚至自殺而喪失生命。

▶ 企業有責加以預防職場霸凌

由於雇主依民法第 483 條之 1 規定，對員工負有保護照顧義務，在員工服勞務時，生命、身體、健康有受危害之虞者，雇主應達到必要的預防；依照職業安全衛生法第 6 條第 2 項第 3 款規定，雇主對於勞工執行職務因他人行為遭受身體或精神不法侵害的預防，也負有妥為規劃及採取必要安

全衛生措施的義務,而勞工人數達 100 人以上的企業,尚須注意應參照主管機關相關指引,訂定執行職務遭受不法侵害預防計畫,並加以執行(職業安全衛生設施規則第 324 條之 3 第 2 項)。

即使職場霸凌的行為發生在員工與員工之間,倘若企業未事先加以預防、事後進行保護,也可能構成民法的侵權行為,須負損害賠償責任。此外,勞動部職業安全衛生署修訂的《工作相關心理壓力事件引起精神疾病認定參考指引》,也將職場霸凌納入工作壓力來源的範疇。

員工如因職場霸凌罹患精神疾病,進而被認定為職業病時,企業對該員工也負有勞基法第 59 條的職業災害補償責任。從而,企業對職場霸凌的預防及發生職場霸凌後的處理,以及所可能應負責任,不可不慎。

▶ 堅守不法侵害「零容忍」

企業平時就應宣示對於各種職場不法侵害「零容忍」的立場,參考職場不法侵害或就業歧視相關法令規章,採取預防措施與建置申訴管道供受害員工有尋求協助之機會。

遇有職場霸凌通報事件,可先以保密方式啟動調查程序,訪談申訴員工及相關同仁,再給予被訴員工申辯的機會。經查明確有職場霸凌情事時,一方面應給予受害員工協助與關懷,另一方面也應對加害員工做出適當懲處,不應姑息養奸。

此外,也可思考在符合勞基法第 10 條之 1 所定 5 項原則之上,調動員工工作(調整辦公處所或是工作內容),以避免侵害情況持續發生甚至加劇,造成不可挽回的後果。唯有建立安全、平等、無歧視、互相尊重及包容的職場文化,才是預防及避免職場霸凌的正本清源之道。

11 勞資雙贏 ——勞工職業災害保險及保護法上路

何宗霖／寰瀛法律事務所合夥律師／前桃園地方法院法官

　　台灣僱用員工人數未滿 5 人的微型企業很多，並非為強制納入勞工保險的對象，因此雇主就沒有幫勞工投保勞工保險；另外也有勞工因本身積欠債務，不願意雇主為其投保勞工保險，以避免債權人透過查詢勞工保險的方式，向法院聲請強制執行薪資所得債權。

▶ 不負擔勞保費用　只是賺到眼前小利

　　由於未投保勞工保險，勞資雙方都無需另外負擔勞保費用，表面上對勞資而言，堪稱「雙贏」局面。然而一旦發生職業災害時，極可能瞬間變成「雙輸」的狀態，不僅職災勞工家庭因頓失經濟支柱而破碎外，微型企業的雇主也可能因為面臨高額求償而產生倒閉危機。

　　這樣的案例在製造業及營建工程業中最為常見，偏偏製造業及營建工程業又是最常發生職業災害的職業類別。根據勞動部的職業災害保險給付統計資料，製造業及營建工程業長年位居勞工發生職業災害（不含交通事故給付職業災害）保險給付的前 2 名，每年都有超過 1 萬 3000 的職業災害給付人次，合計占全部職業災害給付人次的半數以上，而這僅是有投保職業災害保險的統計資料，還不包含未投保職業災害保險勞工發生職業災害的情況。

▶ 不論請多少員工　一律強制投保職災保險

於 2022 年 5 月 1 日起施行的《勞工職業災害保險及保護法》擴大加保對象，只要是受僱於登記有案事業單位勞工，不論僱用人數多寡，一律強制投保職災保險，無一定雇主或自營作業而參加職業工會者，也強制納保。勞工到職、入會當天即要辦理投保，雇主若未替員工投保，將可能遭處 2 萬至 10 萬元的罰鍰。

假設雇主未幫勞工投保，勞工不幸發生職業災害，仍能獲得職災保險保障，且保險效力是從「到職日」起算，與雇主是否申報加保無關。雇主除了面臨金錢的損失外，主管機關也會針對違法事業單位，公布其名稱、負責人姓名、處分日期等影響名譽的處分，企業不可不慎。

▶ 即使是勞工自己疏失　雇主仍須負職災補償責任

職業災害一旦不幸發生，勞工除了能請領職業災害保險給付以外，也可能請求雇主負勞基法第 59 條的職業災害補償責任（包含醫療費用補償、工資補償、失能補償、死亡補償等），或民法上的侵權行為、債務不履行的損害賠償責任。無論雇主對於職業災害的發生有沒有過失，都必須要負職業災害補償責任；甚至即使是因為勞工的過失導致職業災害發生；例如勞工未確實使用安全索而自鷹架上跌落、擅自關閉防夾安全裝置而手臂遭捲入機器內，也不能因此免除雇主的補償責任。由此可知，台灣法制上就職業災害發生後，課與雇主很重的責任。

無論勞雇雙方，沒有人樂見職業災害的發生，甚至許多意外事故不是起因於雇主所提供的就業場所的安全與衛生設備的災害，並非雇主可得控

制因素——像是勞工上下班途中所發生的交通事故，因此企業最起碼應落實政府的社會保險制度，除了可保障職災勞工的權益外，由於職災保險給付可以用以抵充雇主對勞工的職業災害補償金額，因此也可以降低職業災害發生對企業經營的衝擊。

▶ 除了被動職災保險　也可主動加保雇主責任險

以筆者承辦職業災害案件的經驗來看，即使職災保險給付可以用以抵充雇主對勞工的職災補償金額，實務上，雇主往往仍可能遭遇勞工請求負職業災害補償責任的情況。因此建議除了職災保險外，企業也可透過為員工投保團體意外險、工地責任險，或企業投保雇主責任險等商業保險的方式，事先預防並轉嫁風險。

一旦不幸發生職業災害事故，既能夠使勞工儘速獲得保險給付的保障，避免職業災害發生後，勞資關係走向破裂；司法實務上也都認為，雇主為分擔其職業災害給付的風險而為勞工投保商業保險，是以保障勞工獲得相當程度的賠償或補償為目的，所以該保險的給付金額也可以用以抵充雇主的職業災害補償責任。既落實了保護照顧勞工的義務，也合理地轉嫁了職業災害的風險，創造雙贏局面。

配偶及子女是職災補償的第一順位。

知法熟法

・勞基法第 59 條：

勞工因遭遇職業災害而致死亡、失能、傷害或疾病時，雇主應依下列規定予以補償。但如同一事故，依勞工保險條例或其他法令規定，已由雇主支付費用補償者，雇主得予以抵充之：

一、勞工受傷或罹患職業病時，雇主應補償其必需之醫療費用。職業病之種類及其醫療範圍，依勞工保險條例有關之規定。

二、勞工在醫療中不能工作時，雇主應按其原領工資數額予以補償。但醫療期間屆滿二年仍未能痊癒，經指定之醫院診斷，審定為喪失原有工作能力，且不合第三款之失能給付標準者，雇主得一次給付四十個月之平均工資後，免除此項工資補償責任。

三、勞工經治療終止後，經指定之醫院診斷，審定其遺存障害者，雇主應按其平均工資及其失能程度，一次給予失能補償。失能補償標準，依勞工保險條例有關之規定。

四、勞工遭遇職業傷害或罹患職業病而死亡時，雇主除給與五個月平均工資之喪葬費外，並應一次給與其遺屬四十個月平均工資之死亡補償。其遺屬受領死亡補償之順位如下：

（一）配偶及子女。　　　（四）孫子女。

（二）父母。　　　　　　（五）兄弟姐妹。

（三）祖父母。

12 別怕上法院！
——勞動調解程序省心力

何宗霖／寰瀛法律事務所合夥律師／前桃園地方法院法官

　　勞資紛爭事件的當事人間，通常存有經濟地位的差距，勞工有繼續工作以維持生計的強烈需求，難能負擔長期進行訴訟所需要的勞力、時間、費用，而直接影響到勞工的基本生活，相較於一般民事紛爭，有特別迅速解決紛爭的需要。

▶ 勞動事件法　調解更有效率

　　勞動事件法自 2020 年 1 月 1 日施行迄今已逾 2 年，其中透過「勞動調解委員會」來進行「勞動調解程序」，協助當事人處理勞資糾紛，可以說是這部法律的最大特色。勞動調解委員由勞動法庭法官 1 人與具有勞資事務、學識、經驗的調解委員 2 人共同組成，由非法官的調解委員與法官一同進行勞動調解程序，與近年來的司法改革趨勢一樣，具有國民參與司法的意義。

　　西方諺語有云：A bad compromise is better than a good lawsuit（吃虧的和解也比勝訴強）。在調解或和解的當下，或許表面上看似妥協的內容對己方相當吃虧，拒絕和解而獲得勝訴判決，結果縱使優於和解方案，但為了獲得勝訴判決所耗費的時間、金錢、精力等程序上的「不利益」，綜合考慮之下，和解不見得比勝訴判決不利。

製造業常發生職災，當然也常牽涉到勞動調解。

▶ 訴訟花精力　調解並非「搓圓仔湯」

回顧過往 2 年地方法院的「勞動調解」統計資料，2020 年調解成立比率為 52.64%，2021 年雖微幅下降，但仍有 48.65%。再觀察「勞動訴訟」事件的結案情形，2020 年與 2021 年分別有 26.27% 及 24.21% 的案件是透過和解與調解的方式消彌紛爭。也就是說，在法院所處理的勞資紛爭事件，有超過半數是經由當事人間的合意而解決，對於有迅速解決紛爭需求的勞資雙方當事人而言，應該是非常有吸引力的紛爭解決機制。

在法院的勞動調解程序，與地方縣市政府勞動局（或勞資爭議調解委託團體）的勞資爭議調解相比，最大的不同就是法院的勞動調解程序除了調解委員以外，多了法官的參與。民眾應該要打破調解就是「搓圓仔湯」的錯誤認知，調解並非透過不合理的協商或威脅利誘等手段，要求他人放棄權利的程序。

▶ 即使調解失利　進入訴訟仍由同一法官審理、判決

　　勞動調解程序是透過具有勞資專業知識的調解委員，將勞動生活領域專業知識及職業經驗帶入法院，與法官共同探求雙方當事人的真意，發掘潛在利益，因應、策定不同調解方案（如勞工個人名譽的回復、企業集團經營的考量等）；法官在過程中也會聽取兩造陳述、整理爭點、調查證據，適時曉諭當事人訴訟的可能結果，供當事人判斷是否願意接受調解方案。

　　即使該案件調解不成立，後續仍是由同一位法官繼續審理，法官透過勞動調解程序所獲得的證據資料，能夠在訴訟審理過程中繼續加以援用。因此，勞動調解程序也就相當於訴訟的準備程序，並不因其名稱為「調解」，即屬單純進行金額價格磋商的程序而已。

上法院進行勞動調解程序，不管對勞方或資方可能都更節省精力。

▶ 別怕上法院　勞動解調省心力

由於法院的勞動調解程序與行政機關的勞資爭議調解程序相較，有上述的特殊性，勞工朋友（在多數的勞資糾紛中常是主動造）萬萬別認為在行政機關調解不成立，在法院也會調解不成立，所以就不聲請勞動調解而逕行提起訴訟，反而可能錯失快速解決紛爭的機會。

既然勞動調解程序採取「審調並行」的方式進行，在大多數的案件類型中，勞動調解委員會會一邊審理一邊調解，縱使調解不成立，因為已經進行過勞動調解程序，法官對於案件實情、證據資料已有一定程度的掌握，也能夠加速將來訴訟程序的進行，並無所謂調解不成立就是程序的浪費，所以勞工朋友不要怕去法院勞動調解。

▶ 企業多屬被動方　仍應積極備齊資料

對企業而言（在多數的勞資糾紛中屬於被動方），收受法院送達的勞動調解通知書，亦不應誤認是「調解」程序而輕忽之。由於雇主依勞基法第 23 條第 2 項、第 30 條第 5、6 項負有置備勞工的工資清冊及出勤紀錄的義務，且依勞動事件法第 35 條規定雇主負有提出上開資料的義務。

企業應積極研擬答辯方向，備齊法院要求提出的相關資料，除了可避免在程序上遭受「失權效」的不利益，更可能可以藉由勞動調解程序的不公開審理原則，透過保密條款、斷尾條款等約定，既維護企業經營管理的需求，又能一勞永逸邁向解決紛爭的終局。

第六章

隱私保護

現代科技的進步，讓我們的生活更加便利，同時也透過科技協助犯罪偵防等等，是否也想過自己的隱私或許就暴露在各種「紀錄」之中？不管是電子支付、車聯網上傳雲端資訊、穿戴裝置，或者上網瀏覽時被設備商留下的「大數據」痕跡等等；也因隱私的暴露，現代人對個人資訊的保護更加重視，尤其是 GDPR 法規實施，不僅大大影響國內外企業，或許也是台灣個資法更進一步往前的借鏡。

CHAPTER 6

新修正電支條例及其子法
——忽視個資及隱私保護？

李立普／寰瀛法律事務所主持律師
呂宜樺／寰瀛法律事務所律師

隨著 COVID-19 疫情延燒，零接觸支付快速成長，使用電子支付人數持續提升，發放電子振興券的討論熱度亦居高不下，依據金管會統計，截至 2022 年 4 月止，國內總計有 11 家專營電子支付機構及 20 家兼營電子支付機構（含銀行、中華郵政股份有限公司及電子票證發行機構）；總使用者人數約 1,709 萬人。

▶ 電子支付　加速普惠金融推動

為整合儲值支付工具法令規範，創造電子支付核心的支付生態圈，營造友善產業發展的法規環境，立法院於 2020 年 12 月三讀通過新修正之《電子支付機構管理條例》（下稱《電支條例》），並在 2021 年 7 月 1 日施行。本次修法將「電子支付」、「電子票證」整合管理，除「代理收付實質交易款項」、「電子支付帳戶間相互轉帳」、「收受儲值款項」三大業務外，尚開放「不同業者間交互匯款」「開放國內外小額匯兌」、「辦理外幣買賣」、「提供電子發票系統及相關加值服務」等，增加民眾支付便利性，加速普惠金融推動。

但電子支付具有快速性、隱匿性及交易時並無第三方人力介入監督等特性，恐容易淪為有心人士利用作為洗錢或逃漏稅的工具。因此《電支條例》依照防制洗錢金融行動工作組織（FATF）所頒布的指引，規定專營電

子支付機構應建立使用者及特約機構身分確認機制，應留存確認身分程序所需資料，以及使用者儲存卡卡號、電子支付帳戶帳號、交易項目、日期、金額及幣別等必要交易紀錄，包括未完成的交易，留存期間至少 5 年。且為防止逃漏稅，稅捐稽徵機關得要求專營電子支付機構，提供使用者的必要交易資訊及確認使用者及特約身分程序所得資料。

▶ 電子支付管理辦法　逾越必要範圍？

2021 年 5 月，財政部預告《電子支付機構提供稅捐稽徵機關與海關身分資料及必要交易紀錄管理辦法》（下稱《管理辦法》）草案，規定電子支付機構針對其經營代理收付實質交易款項業務，除收款金額累積未達新台幣 48 萬元外，應定期主動向稅捐稽徵機關提供上開資訊，引發外界爭議，認為電子支付機構每年定期向稅捐單位提供上開資訊，稅捐單位即可掌握使用者的身分、帳號或卡號、支付工具種類及金額、幣別等資訊，造成消費者必須承擔交易資訊、個人資料遭外流之風險。

面對外界質疑，財政部承諾將參考各界質疑進行修正。然而 2021 年 8 月 17 日財政部公布的《管理辦法》，雖刪除引發外界爭議的「付款方」相關規定，但是管理辦法仍將使用者的電子支付帳戶帳號、支付工具種類、金額、幣別及時間等重要交易資訊列入電子支付機構應提供的資訊範圍。電子支付多為實名交易，金流、物流及個人資料均有跡可循，故仍可透過交易資訊「間接辨識」消費者，似未解決先前外界所擔憂個資外流的問題。

事實上，法務部曾頒布行政函釋指出公務機關蒐集或處理個人資料應在法令職掌必要範圍內為之，不得逾越比例原則，調查「具體課稅案件」應於必要範圍內為之，倘稅務機關請求醫療機構廣泛性、非特定性提供全不知病患資料，有逾越必要範圍的疑慮。

透過交易資訊「間接辨識」消費者的電子支付，仍有侵犯隱私的疑慮。

▶ 稽查逃漏稅　不應轉嫁消費者承擔

再者，採取實體交易時，消費者不需透露個人資料，僅留下交易時間、金額與交易項目，由業者申報營業稅、營所稅亦僅需提供進銷項目及會計帳簿、文據即可完成。財政部公布的《管理辦法》，廣泛要求電子支付機構提供非特定的交易資訊，無異欲藉由大數據方式監控交易紀錄與收支金流是否異常，揪出短報營業金額，漏繳營業稅之業者，似已逾越必要程度。

針對這些問題，財政部或可參考現有的境外電商申報制度，由業者自行申報，再視具體個案，針對繳納情況異常的經營者進行調查。核實繳納營業稅、營所稅為經營者的義務，不應將此義務轉嫁由消費者承擔，更不該藉詞稽查逃漏稅，監控電子支付使用者的消費紀錄，而忽視個人資料及隱私權之保護。

普惠金融

普惠金融（Inclusive Financing）又稱包容性金融，
其精神是爲營造更爲普及、平等的金融服務，使所有
社會階層的普羅大眾均享有平等的機會獲得金融服務，
特別是偏鄉、新創公司或信用空白者（如社會新鮮人）
等。聯合國普惠金融倡議 (UNSGSA, UN Secretary-
General's Special Advocate for Inclusive Finance
for Development) 更在 2013 年指出：「普惠金融是
經濟成長、創造就業機會及社會發展的驅動者或加速
器」。隨著科技及環境快速發展，數位金融、金融教育
宣導及平等待客之落實均爲推動普惠金融的主要方法。
我國金管會於 2021 年建置「我國普惠金融衡量指標」
並訂定 24 項衡量指標，包含三大面向：金融服務可
及性、金融服務使用性及金融服務品質，詳情可參金
管會政策專區。https://www.fsc.gov.tw/ch/home.
jsp?id=847&parentpath=0,2,310。

2　個資保護動起來
──九大行業準備好

陳秋華／寰瀛法律事務所主持律師
洪國勛／寰瀛法律事務所合夥律師

　　個人資料保護法（下稱個資法）第 27 條第 1 項規定，各行業的公司、團體等對於保有個人資料檔案者，應採行適當的安全措施，防止個人資料被竊取、竄改、毀損、滅失或洩漏，而針對如銀行、電信、醫院、保險等保有大量且重要的個人資料檔案的業別，主管機關早已要求訂定個人資料檔案安全維護計畫或業務終止後個人資料處理方法，以加強管理並確保個人資料的安全維護。

　　近兩年受新冠肺炎疫情的影響與 5G 運用持續發展下，各行各業都已加速數位轉型，加上近期興起的元宇宙概念，有關隱私與個人資料保護的課題再次成為關注焦點。

▶ 九大行業加強管理

　　內政部為落實個人資料保護，避免民眾的個資洩漏或遭竊，於 2021 年（以下同）12 月 1 日，針對指定的政黨及全國性民政財團法人、宗教團體、祭祀團體、殯葬服務業、地政類、合作及人民團體類、警政類、營建類、移民業務機構等行業別，分別發布了個人資料檔案安全維護管理辦法。

　　其中「營建類」包含：營造業、不動產開發業（指以銷售為目的，從事土地、建物等不動產投資興建的行業）、建築師事務所、公寓大廈管理

維護公司、都市更新業務財團法人等業者;「地政類」包含:不動產經紀業、租賃住宅服務業、不動產估價師事務所、地政士事務所等業者;「警政類」則包含保全業、當舖業、槍砲彈藥刀械業等業者,範圍極為廣大。

營建公司在售屋時經常取得購屋者許多個資,加強管理有其必要。

▶ 11 項適當措施

　　內政部此次發布的九大行業別的個人資料檔案安全維護管理辦法,主要是規範業者就所蒐集的個人資料應視其業務規模、特性、保有個人資料的性質及數量等事項,針對個人資料檔案的安全管理採取下列適當措施。

1. 配置管理之人員及相當資源。
2. 界定蒐集、處理及利用個人資料的範圍。
3. 個人資料之風險評估及管理機制。
4. 事故之預防、通報及應變機制。
5. 個人資料蒐集、處理及利用之內部管理程序。
6. 設備安全管理、資料安全管理及人員管理措施。
7. 認知宣導及教育訓練。
8. 個人資料安全維護稽核機制。
9. 使用紀錄、軌跡資料及證據保存。
10. 個人資料安全維護之整體持續改善。
11. 業務終止後之個人資料處理方法。

並就重大個資外洩事件，要求業者應於發現後 72 小時內將通報機關、發生時間、發生種類、發生原因及摘要、損害狀況、個人資料侵害可能結果、擬採取的因應措施、擬通知當事人的時間及方式、是否於發現個人資料外洩後立即通報等事項，以書面通報其主管機關部分，此部分通報主管機關的義務則為現行個資法所未規範。

▶ 更嚴格的個人資料保護作業

持有個人資料達一定數量者，相關辦法也要求應加強個人資料保護作業。包含：

1. 使用者身分確認及保護機制。
2. 個人資料顯示之隱碼機制。
3. 網際網路傳輸之安全加密機制。
4. 個人資料檔案與資料庫之存取控制及保護監控措施。
5. 防止外部網路入侵對策。
6. 非法或異常使用行為之監控及因應機制。

其中第五款及第六款所定措施，應定期演練及檢討改善。此外，各項管理辦法也規定，發布施行前已成立的非公務機關，應於辦法發布施行日起 6 個月內訂定個人資料檔案安全維護計畫及業務終止後個人資料處理方法，並報請主管機關備查；未來倘有新成立的非公務機關，也應於成立後完成相關計畫訂定及備查工作。相關受指定行業，應儘速完成相關個人資料檔案安全維護管理計畫，以免遭主管機關依個資法第 48 條處新臺幣 2 萬元以上 20 萬元以下。

個人資料保護，是現代人十分重視的一環。

3 我的臉被盜用了？
——肖像權和商標的維護

陳秋華／寰瀛法律事務所主持律師
吳宜璇／寰瀛法律事務所律師

網路上分享個人照片已經成為大家生活的一部分，但照片被盜用再合成到其他影像的事件，隨著軟體技術進步而層出不窮。近期發生網路上 Youtuber 網紅小玉，使用「Deepfake 技術」將逾百名女性公眾人物的臉部影像合成於影片並販售牟利，女星林依晨也遭母嬰用品業者合成抱嬰兒照片作為銷售商品廣告之用。

類似的概念中，常見有業者在銷售或提供相同／類似的商品或服務時，刻意使用與其他企業相同或近似的商標，想要藉此搭便車攀附著名事業的商譽，此種行為可以說是盜用企業的臉。

▶ 被盜用了該怎麼辦？

如果發現自己的照片被盜用並合成到其他影像上，或是企業發現商標被盜用時，在法律上可以採取什麼作為？依現行法律規定，受害者可採取的法律行動包含提起刑事告訴和民事訴訟。

▶ 刑事告訴

盜用他人臉部照片，如果合成後的影像會讓受害者的社會地位及名譽產生負面影響，例如合成到不雅照會讓人覺得受害者私生活混亂、合成到

科技日新月異，簡單利用軟
體換臉變得十分容易。

虐狗影片會讓人覺得受害者有暴力傾向等等，加上製作者將影像傳送給不
特定多數人，即可能構成刑法加重誹謗罪。

　　盜用照片製作合成影像也可能違反個人資料保護法，受害者的臉部照
片可識別為何人，屬於個人資料，製作者蒐集照片後合成的行為，如果目
的不符合個資法第 5 條規定「應尊重當事人之權益，依誠實及信用方法為
之」，可能違反個資法第 19 條及 20 條非公務機關違法蒐集及利用個人資
料罪。

至於如果是企業的商標遭盜用而被使用於相同或類似的商品或服務，或盜用者故意使用近似的商標而意圖造成消費者發生混淆或誤認時，則盜用者可能構成侵害商標權的刑事責任。

▶ 民事訴訟

民事責任部分，此類合成照片可能侵害受害者的肖像權及名譽權。肖像權及名譽權都是民法第 18 條人格權保護範圍，受害者得請求法院命製作者除去其侵害，例如要求刪除影像，並得依據民法第 195 條第 1 項請求給付慰撫金，及請求回復名譽的適當處分，常見的有要求在特定網站刊登道歉啟事。

另外，如果不希望民事訴訟程序審理期間該影像持續存在網路上，提起訴訟時也可以同時聲請「定暫時狀態假處分」，請求法院於訴訟確定前暫時除去侵害。例如妨礙名譽的影片流傳時，可要求下架影片；或是聲請「假處分」，像是命令不得繼續販賣影片。

如果是企業的商標遭盜用的狀況，可以對於盜用者主張請求不得再使用，並得請求銷毀侵害商標權的相關商品，及用來從事侵害行為的原料或相關器具，如企業因為商標遭盜用而受有實際損害時，也可以進一步向盜用者請求損害賠償。

▶ 公證人體驗公證　蒐證小撇步

最後分享一個小撇步。通常行為人在發現有人提告時都會立刻刪文，而為了避免在後續民、刑事程序中證據已遭銷毀而難以舉證，受害者可以在發現照片被盜用後，盡快找公證人進行體驗公證，以證明在某個時間，

該影像確實存在於網路上。至於遭盜用商標的企業，為了避免盜用者可能銷毀商品的風險，也可以在尚未正式提告前，立即先購入盜用者的商品或保留相關的廣告內容，並就購入商品或取得廣告內容的流程請公證人進行體驗公證。這些公證報告，日後不管在民事或刑事程序上，都可以成為佐證的證據之一。

知法熟法

· 民法第 18 條
　1. 人格權受侵害時，得請求法院除去其侵害；有受侵害之虞時，得請求防止之。
　2. 前項情形，以法律有特別規定者為限，得請求損害賠償或慰撫金。
· 民法 195 條第 1 項
　不法侵害他人之身體、健康、名譽、自由、信用、隱私、貞操，或不法侵害其他人格法益而情節重大者，被害人雖非財產上之損害，亦得請求賠償相當之金額。其名譽被侵害者，並得請求回復名譽之適當處分。

第七章

生活百事

生活在社會上，只要和人的權利或義務有直接間接的關係，通常就會有法律條文作為依據，法律處處可見，不僅是規範甚至也可能是保障。不管是購買車輛、買賣房屋不動產、離婚、宅經濟形成的權利和義務等等，甚至是近年受新冠肺炎影響，疫苗接種受害等等和你我息息相關的事物，都必須知法才能靠它獲得保障。

CHAPTER 7

1 購車族不可不知 ——台灣增訂美國法「檸檬車」等條款

李貞儀／寰瀛法律事務所主持律師
魏芳瑜／寰瀛法律事務所助理合夥律師

新修正的《汽車買賣定型化契約應記載及不得記載事項》，已在 2021 年 7 月 1 日生效施行，攸關許多購車族相關的權益，除了參照美國法增訂「檸檬車」條款外，也有多項保障購車族權益的新規範，透過以下簡要介紹的修正內容，消費者在購買新車時能夠更知悉自己的權利。（至於二手車的交易是另以《中古汽車買賣定型化契約應記載及不得記載事項》規定，不在本文討論範圍內。）

▶ 重大瑕疵的換車及解約

汽車買賣的重大瑕疵部分（例如暴衝、煞車失靈、熄火故障、引擎溫度升高至極限等，有危害生命或身體健康安全之虞的重大瑕疵），必須經由業者維修多少次後仍未修復，消費者才可主張換車或解約？原應記載事項中針對部分項目，是規定可由雙方自由約定維修次數，導致業者可能填載較多的維修次數，因而不利於消費者；修正後的第 7 點則明確規定，就起火燃燒以外的其他重大瑕疵，雙方約定的維修次數不得超過 2 次，以保障消費者權益。至於起火燃燒的瑕疵，則是於修正前後均規定無須經修繕，消費者就可換車或解約。

針對交車後多久時間內發生這些重大瑕疵，消費者始可主張換車或解約，原應記載事項是規定可由雙方自由約定時間，導致業者可能填載較短

車輛的買賣已跟現代人生活息息相關，幾乎每個家庭都可能碰到。

之時間而不利於消費者；修正後的第 7 點則明確規定「標的物於交付後○日（不得少於 180 日）或行駛○公里數（不得少於 12,000 公里）之內（以先到者為準）」的時間及里程數下限，以保障消費者權益。

針對這些重大瑕疵，原應記載事項僅賦予消費者更換「同型新車」或解除契約的權利；修正後的第 7 點，考量到業者可能已無同型汽車可供消費者更換，因此增加消費者可要求更換「等值新車」的規定。

▶ 「檸檬車」的換車及解約

參照美國法「檸檬車」條款,增訂應記載事項第 8 點,就汽車相同瑕疵維修 4 次以上仍無法修復,或因維修而累積 30 日以上無法使用汽車等特定情況,消費者可以請求更換同型或等值的新車,或者乾脆解除買賣契約。相較於重大瑕疵的換約及解約,單純檸檬車的換約及解約,其所需經過的維修次數較多次,較為嚴格。

依應記載事項第 8 點〈標的物屬修不復之效果〉的規定詳細內容,可以知道當有下列情況,消費者可以請求更換同型(或等值)新車或解除契約:

(1) 交付後○日(不得少於 180 日)或行駛○公里數(不得少於 12,000 公里)之內(以先到者為準),因相同瑕疵於保養手冊記載的場所,經 4 次以上維修仍無法回復正常機能;
(2) 或是交付後○日(不得少於 180 日)之內,因機能瑕疵所致無法正常使用車輛,經送保養手冊所載的場所維修,其累積無法使用日數達 30 日以上。但有下列情形,其期間不予累計:

1. 消費者未依通知取車的期間。
2. 回廠維修已提供消費者代步車,或補貼相當代步費用的合理期間。

前項規定,並不妨害消費者依法律或者業者的保固行使主張權利。

▶ 其他修正內容

增訂應記載事項第 1 點,明定契約審閱期間至少為 3 日。除應記載事項第 2 點原規定需於契約填載的汽車廠牌、車型、顏色、排氣量、產地等外,

另增列「特約事項」的欄位，以免雙方將來對所購汽車需具備的性質或功能等事項產生爭議。

　　修正後的應記載事項第 3 點規定，定金金額原則上不得超過總價金 10%，惟考量實務上於購買限量車、訂製車或選配車等情況，常需約定較高額定金，因此也規定雙方得例外特別約定高於 10% 的訂金金額。修正後的第 3 點並規定分期付款之年利率不得超過 20%。

　　原應記載事項第 4 點規定，車輛於買賣契約訂立後進口者，以實際結關日之匯率為準計算價格。本次修正刪除該規定，除雙方另有約定外，原則上不得以買賣契約訂立後之匯率變動而調整價格。

　　透過這些新修正的汽車買賣定型化契約內容，讓消費者在碰到重大瑕疵或者「檸檬車」時，更能主張自己的權利。

檸檬車

提到檸檬，許多人都會想到味道嘗起來酸到讓人忍不住皺眉的經驗，因此檸檬一詞在美國當地常做為貶抑詞使用。而檸檬車這名稱，是來自 1970 年美國經濟學家 George Akerlof 所提出的論文《檸檬市場：品質不確定性和市場機制》，論文中以桃子 peach 描述高品質的二手車，低品質的二手車則是檸檬 lemon。後來檸檬車一詞延伸到包括低品質的新車，也就是檸檬車法案的俗稱由來。

2 買賣房屋看這邊
──不可不知的不動產交易新制

江如蓉／寰瀛法律事務所資深合夥律師
林禹維／寰瀛法律事務所律師

　　自 2021 年 7 月 1 日開始，不動產交易有許多重要的法令變革，從銷售前階段的「預售屋買賣契約備查」、消費者下訂後「不得約定保留出售」與「紅單禁止轉讓」，到簽約後的「實價登錄」制度、房地再出售的「房地合一 2.0」等，建設公司、代銷業者、消費者在進行不動產交易時，都必須要清楚瞭解，才能保障彼此權益。

▶ 銷售前　預售屋買賣契約備查

　　在預售屋銷售前的準備階段，建設公司必須要將預售屋坐落基地、建案名稱、銷售地點、期間、戶（棟）數及預售屋買賣定型化契約，以書面報請預售屋坐落基地所在的直轄市、縣（市）主管機關備查。若未依規定報請主管機關備查，主管機關可處新臺幣 3 萬元以上 15 萬元以下罰鍰，並令其限期改正；屆期如未改正，主管機關可按次連續處罰。

　　更重要的是，預售屋買賣契約的相關條款，必須遵照內政部公告之「預售屋買賣定型化契約應記載不得記載事項」的規定，若使用的預售屋買賣契約，違反「預售屋買賣定型化契約應記載不得記載事項」規定，則主管機關可按戶（棟）處新台幣 6 萬元以上 30 萬元以下罰鍰。

**不動產
交易守則**

銷售前
・預售屋買賣契約備查

下訂時
・不得約定保留出售
・紅單禁止轉讓

簽約後
・落實實價登錄

▶ 不得約定保留出售　紅單禁止轉讓

所謂的「紅單」就是「房地買賣預約單」的通稱，在過往不動產交易慣例上，消費者在簽訂買賣契約前，會先給付訂金予代銷業者，訂購特定戶別的房屋，再由代銷業者向建設公司確認是否同意以「房屋買賣預約單」所載買賣價金出售。因此「房屋買賣預約單」中，通常會記載建設公司保留出售與是否簽訂買賣契約的權利。在過去，若房市交易活絡，有些消費者也會以給付訂金取得紅單的方式，投資建案，當建案交易熱絡、價格上漲時，即透過轉讓紅單賺取差價之方式獲利。

但自 2021 年 7 月 1 日開始，銷售預售屋或委託不動產經紀業代銷者，向消費者收受定金或類似名目款項後，所開立的書面契據，不得再有約定「建設公司保留出售、保留簽訂買賣契約之權利」或其他不利於消費者的事項；而消費者也不得將該書面契據的權利，轉售或轉讓予第三人，藉此方式，避免建商任意調價或投資客炒作，以保障消費者權益。

▶ 簽約後　落實「實價登錄」

在消費者簽訂買賣契約以後，建設公司應在簽訂買賣契約書之日起 30 日內，向主管機關申報登錄資訊。若委託不動產經紀代銷業者出售預售不動產的情形，則不動產代銷業者亦應在簽訂買賣契約書之日起 30 日內，向機關申報登錄資訊，並且必須將門牌號碼、樓層、地號資訊完整揭露，藉此避免隱匿房屋實際交易價格，藉機抬高後續交易價格。

不動產代銷業者必須特別注意的是，內政部在 2021 年 6 月 10 日以「台內地字第 11002630481 號函令」公告，不動產經紀代銷業者在 2021 年 6 月 30 日以前代銷成交預售屋買賣案件，尚未辦理成交資訊申報登錄，且預售屋委託代銷契約於 2021 年 7 月 1 日已屆滿、終止未逾 30 日或尚未屆滿、終止者，分別給予申報登錄緩衝期；屆期未申報登錄或申報登錄不實者，依不動產經紀業管理條例第 29 條規定查處。

▶ 防止炒作　「房地合一 2.0」新制

為防杜短期炒作不動產，維護居住正義，抑制投資客短期交易不動產、賺取價差，及個人藉由設立營利事業買賣短期持有的不動產，以適用較低稅率，或公司藉由股權移轉的形式而實質交易不動產，將應納稅之財產交易所得轉換為免稅之證券交易所得，或藉自行申報移轉現值高於公告現值

買賣房屋看這邊
——不可不知的不動產交易新制

了解不動產新制，才能讓您買賣更安心。

之方式，增加土地漲價總數額，藉而規避或減少所得稅義務。

　　立法院 2021 年 4 月間通過所得稅法部分條文，即俗稱的新制房地合一稅 2.0 制度，並在 2021 年 7 月 1 日開始施行。新制房地合一稅 2.0 制度重點包含：「延長個人短期交易房地適用高稅率之持有期間，由一年延長為二年」、「營利事業比照個人依持有期間按差別稅率課稅」、「納入交易預售屋及其坐落基地、符合一定條件之股份或出資額，視為房地交易」等，溯及至 2016 年以後取得的房地、預售屋、特定股權交易全都適用。

　　這些不動產交易法令，對於建設公司、代銷業者、消費者，都是重要的新課題，未來在進行不動產交易時，更須審慎評估，必要時並可委請律師或會計師等專業人士提供協助，以保障自身權益。

3 宅經濟當道
——網紅繳稅須知

洪國勛／寰瀛法律事務所合夥律師
鄧輝鼎／寰瀛法律事務所助理合夥律師

　　網際網路隨著科技發展普及，現已成為獲取各項資訊的最佳管道，也是每個人對外發聲的媒介，由於部落格與社群網路等（例如臉書、Instagram、youtube、podcast 等）的興起，使得每個人都能輕鬆掌握傳播媒體的能力，透過文字、圖片到影音等方式，對外分享心得、展現自我、閒聊、談股票操作，或是製作出具娛樂效果的節目，透過商業應用也衍生許多新興職業，如網紅、直播主、youtuber 或 podcaster 等（以下稱網紅），將興趣變成職業、專業甚至事業，打造多元人生同時創造多重收入，成就斜槓人生。

　　撇除網紅入門容易上手難的先決條件，即使許多人想著衝高宅經濟，但不管是個人玩票性質、成立工作室或公司，網紅收入不僅涉及個人綜合所得稅、營利事業所得稅，甚至還可能包含營業稅！

　　不管是專職抑或兼職，個人或工作室，網紅都可能會符合營業人的要件，進而需辦理稅籍登記繳納營業稅及所得稅。稅捐實務上對於「營業」一詞，多係以「為獲取收入所從事之經常性、繼續性、持續性之經濟活動」稱之，而只要以營利為目的而從事經營某一行業者，不論其為公營、私營或公私合營，也不論其為個人（獨資）、合夥或公司（法人）組織，均屬加值型及非加值型營業稅法（下稱營業稅法）上所稱之營業人。

網紅的高點閱率帶來收益，勢必也和稅捐產生關係。

▶ 稅捐計算申報及繳納

　　收入未滿 20 萬的網紅，建議可以透過小規模營業人營業稅起徵點加以區分辦理。

　　所謂小規模營業人，依營業稅法施行細則第 9 條規定，是指規模狹小，交易零星，每月銷售勞務（如錄製、上片）達新臺幣 4 萬元以上、或銷售貨物達 8 萬元以上，但平均每月銷售額未達 20 萬元；如果每月銷售金額20 萬以上，則必須使用統一發票。

透過收入的區別，還可簡單分為以下幾類。

一、每月銷售貨物 8 萬以下，或銷售勞務 4 萬以下：

1、可免辦稅籍登記，不用繳營業稅。

2、營利事業所得稅部分，依所得稅法第 71 條第 2 項但書規定，尚無庸申報繳納。

3、相關收入依照所得稅法第 14 條第 1 項第 1 類規定，屬於個人綜合所得中的營利所得，如果沒有提出具體的成本費用，通常是按全年的銷售金額 6% 估算營利所得，併入隔年的綜合所得稅中申報納稅，再依個人綜合所得採累進稅率（5%、12%、20%、30% 及 40%）。

二、每月銷售貨物 8 萬以上，或銷售勞務 4 萬以上，但未達 20 萬元：

1、依照營業稅法第 28 條規定，應申請稅籍登記，可不使用統一發票，由國稅局查定銷售額按營業稅法第 13 條第 1 項規定之 1% 計算稅額，每 3 個月填發繳款書通知繳納營業稅。（依營業稅法第 40 條第 1 項）

2、所得稅法部分同上述一 2、3 所載。

三、每月銷售金額 20 萬以上：

1、應申請稅籍登記，並依照營業稅法第 32 條第 1 項規定開立統一發票，按稅率 5%，應每 2 個月主動申報繳納營業稅。

2、依所得稅法第 71 條第 1 項應辦理營利事業所得稅結算申報，但不用計算及繳納應納稅額，其營利事業所得額，應併入隔年的綜合所得稅中申報納稅。於此情形，通常極有可能會適用累進稅率 30% 甚或 40%，與公司適用之營利事業所得稅單一稅率 20% 相比，此時可考慮改採設立公司方式營運。

在這個全民都可以當網紅的年代，宅經濟的效益更是履創新高。

3、如採公司型態，應辦理營利事業所得稅結算申報，若有盈餘，則需繳納 20% 的營利事業所得稅，而盈餘若未分配給股東，則需加徵 5% 的未分配盈餘稅。至股東取得之股利，則屬於個人綜合所得中的營利所得。

4 愛恨的糾葛
——關於離婚你不能不知道的事

黃國銘／寰瀛法律事務所策略長兼資深合夥律師
趙家緯／寰瀛法律事務所律師

近期陸續有「江宏傑和福原愛」、「大 S 和汪小菲」到「王力宏和李靚蕾」等藝人協議離婚，因此 2021 年也被網友戲稱為「娛樂圈離婚元年」。實際上，依內政部戶政司統計，台灣自 2018 年至 2020 年，近三年分別有 54,402、54,436 及 51,160 對夫妻離婚。不論離婚的理由是因自己在婚姻裡犯了錯而願意離婚，或是無法成為蓋「事」英雄被另一方發現而提出離婚。只要決定離婚，夫妻雙方勢必要把婚姻期間的愛恨糾葛說清楚、講明白。

▶ 離婚有兩種　裁判和協議

我國離婚的方式分為「裁判離婚」及「協議離婚」二種。前者顧名思義就是夫妻雙方無法協議離婚，而透過法院以裁判方式消滅婚姻關係，但值得留意的是，想要提起裁判離婚的一方，需具備我國民法第 1052 條規定的法定事由，才能向法院提起裁判離婚。

由於裁判離婚需具備法定事由且訴訟過程曠日廢時，對於形同陌路的夫妻而言，無疑是另外一種折磨。因此，在夫妻雙方對於離婚所產生的各種法律關係已有共識下，也有透過私下簽訂離婚協議的方式和平分手，但此種方式夫妻雙方需與二位證人一同簽訂離婚協議書後，再由夫妻雙方共同向戶政機關辦理離婚登記。此時，建議夫妻雙方可將離婚協議進行公證，

與其多一對怨偶互相
怨懟，不如將離婚後
之權利義務釐清，藉
此多二位共同為孩子
全心付出的父母。

以確保未來如有一方不履行時，另一方可持公證之後的離婚協議，直接向法院聲請強制執行。

▶ 離婚調解　兼具法院判決效力

　　近年多數藝人採行更為慎重的方式，是在夫妻雙方對於離婚事項已有共識，透過向法院聲請離婚調解，並由調解委員作成與法院判決具有相同效力的調解筆錄。如果其中一方不履行調解筆錄的內容時，另一方即可直接持調解筆錄向法院聲請強制執行。此外，夫妻其中一方亦可持調解筆錄逕向戶政機關辦理離婚登記及向地政機關辦理不動產過戶，同時省去前述私下簽訂離婚協議時所可能產生的困擾。

▶ 錢與權　付出與成全的拉扯

決定離婚的當下，昔日的愛恨糾葛都已轉變成「金錢」和「小孩」的法律爭議。尤其是在協議離婚時，由於沒有法院介入，夫妻雙方更需將下列幾項法律關係約定清楚。

一、**監護權（親權）**：即在未成年子女成年前，是由爸爸或媽媽或共同行使對未成年子女的保護教養權利義務，舉凡從未成年子女的居所、就讀學校到財產運用等，皆需予以明定。

二、**扶養費**：由於未成年子女通常會與其中一方居住並由其負擔日常生活所需的費用，因此往往會特別約定另一方需每月支付一定的扶養費，給照顧未成年子女的一方，除了扶養金額外，更應在離婚協議中將每月付款時間、方式及匯款帳號等事項予以明定，同時加上「如有一期未給付，視為全部到期。」等文字，在另一方未依約定給付扶養費時，即可向其一次請求給付尚未支付的全部金額。

三、**會面交往權**：由於未成年子女往往只與其中一方同住，因此法律也給予另一方與未成年子女見面的權利，而在協議的過程應特別注意寒暑假、農曆新年、小孩國曆生日、父母親節等特別節日的探視時間及方式。

四、**剩餘財產分配**：在沒有特別約定下，夫妻婚後所得之財產在離婚時應平均分配，但婚後財產的範圍從不動產增值到股票孳息的計算等，都可能是錙銖必較的所在，如無法妥善達成共識，就只能投入大量勞力、時間及費用，走上裁判離婚的不歸路。但最重要的是，離婚協議中是否有明定所謂斷尾條款，即將「雙方均拋棄對對方的剩餘財產分配請求權及其他因婚姻關係或離婚所生的一切請求權」等文字予以明定，

避免夫妻雙方對於離婚相關事項又藕斷絲連，衍生後續訴訟。

離婚後與其多一對怨偶互相怨懟，不如多多顧及小孩，冷靜思考，將雙方離婚後的權利義務處理清楚，瀟灑轉身，或許因此多一位一輩子朋友，也多二位共同為孩子全心付出的父母。

知法熟法

・民法第 1052 條：

1. 夫妻之一方，有下列情形之一者，他方得向法院請求離婚：

　一、重婚。

　二、與配偶以外之人合意性交。

　三、夫妻之一方對他方為不堪同居之虐待。

　四、夫妻之一方對他方之直系親屬為虐待，或夫妻一方之直系親屬對他方為虐待，致不堪為共同生活。

　五、夫妻之一方以惡意遺棄他方在繼續狀態中。

　六、夫妻之一方意圖殺害他方。

　七、有不治之惡疾。

　八、有重大不治之精神病。

　九、生死不明已逾三年。

　十、因故意犯罪，經判處有期徒刑逾六個月確定。

2. 有前項以外之重大事由，難以維持婚姻者，夫妻之一方得請求離婚。但其事由應由夫妻之一方負責者，僅他方得請求離婚。

5 積極推動 INGOs 來台設置 ——活絡台灣國際視野

涂慈慧／寰瀛法律事務所資深顧問／美國紐約州律師／國際公認反洗錢師 CAMS

台灣位居亞太樞紐，越來越多的 INGO（註 1）國際非政府組織來台設立據點，與台灣近年來逐步改善相關法規與建置一站式資訊服務專區及專人輔導窗口，提升了誘因及便利性有關。

▶ 法規大幅鬆綁　便利建置彈性

為了吸引 INGOs 來台灣設點，政府修訂「外國民間機構團體在我國設置辦事處申請登記作業要點」，刪除許多管制規定，以往設置秘書處及辦事處都只能一個為限制的規定，如今也大幅鬆綁，讓 INGOs 更有彈性能自主決定辦事處的層級與數量，而且也不需在核准登記後向當地警察機關報備。而原先要求辦事處的外籍負責人，於申設時即須取得居留證的條件也放寬，得於辦事處設立登記後 6 個月的寬限期內予以補正；另外，該作業要點也新增了香港及澳門相關組織來台設立辦事處的法源依據，這是香港及澳門相關組織來台設立據點的首度正式開放。

▶ 門檻降低　有助拓展國際地位

新制定「外國國際合作事務財團法人向外交部申請認許辦法」，使得從事民主自由、人權正義、和平包容及其他經主管機關認定之國際合作事

---

1 ｜ INGO：國際非政府組織的英文縮寫（International Non-Governmental Organization）。

務並具有財團法人性質之 INGOs，能藉由申請認許的方式在台取得法人的地位。申請認許的外國財團法人，在台灣境內的財產總額門檻則降為新台幣（下同）1,500 萬元，且現金總額比率不得低於 50%；如果是取得聯合國經濟及社會理事會授予的一般或特殊諮詢地位，以及經外交部認定的全球知名 INGOs，則在台灣境內的財產總額門檻為 500 萬元。

▶ INGOs 設置據點　利多有保障

・INGOs 來台申設據點，可向政府申請補助部分開辦費及設立後首年部分租金（最高不超過開辦費總額 30% 及首年租金總額 30%，同一申請單位限補助一次）。
・INGOs 在台據點如符合相關稅法規定，亦可享有租稅減免。
・INGOs 在台據點申設完成後，即得於台灣的銀行開立新台幣、外幣（或多幣別）帳戶，原則上資金進、出不受限制，僅於金額達等值新台幣 50 萬元以上時須依規定辦理申報。開立帳戶時，台灣的金融機構也會依法進行洗錢防制作業，進行客戶身分確認，必要時會需要客戶說明其匯入帳戶的資金來源並提供相關文件，則是 INGOs 不得不注意之處。
・INGOs 為了在台據點的運作，得僱用台灣本地及外籍人士，縱使是外籍人士亦得享有勞保、健保，其子女在台就學也都受到法律保障。

▶ 申設辦事處　初期入台選項

　　INGOs 如欲來台設立據點，不論是辦事處、全球或區域性的分會或總部，初期階段建議可以考慮先申設辦事處，因為其申設程序較簡便，也沒有在台灣境內財產總額須達一定門檻之限制。只是 INGO 辦事處並不能在台灣進行志工招募或從事勸募活動、接受捐贈，這點須留意。

6 從接種受害事件 ——認識社會補償與國家賠償

洪國勛／寰瀛法律事務所合夥律師
蔡錦鴻／寰瀛法律事務所律師

台灣於 2021 年 3 月 22 日開始實施 COVID-19 新冠肺炎疫苗接種，迄今已進入施打第四劑的階段。據衛福部「COVID-19 疫苗不良事件通報」資料顯示，自施打日起至 2022 年 6 月 29 日為止，「疑似疫苗接種後嚴重不良事件」通報總數逾 19,900 件，其中死亡通報有 1,518 件。雖然嚴重不良反應的通報與接種疫苗是否有確切的因果關係仍待逐案判斷，但是發生不良反應與接種疫苗因通常有時間上的相關性，故仍不免暫被歸因於接種疫苗所致。當民眾接種後發生嚴重不良反應時，如何尋求法律救濟？

▶ 補償與國賠　舉證責任不同

就接種疫苗疑似發生嚴重不良反應而言，主要有：請求「因接種受害之補償」，及與請求「國家賠償」兩種救濟方式。

以請求「國家賠償」來說，原則上必須由民眾自行舉證證明各該要件事實，即民眾必須證明：公務員有過失的不法行為（例如：證明主管機關於審查、檢驗輸入疫苗時，有因過失而放行不合規疫苗的行為、證明主管機關推行接種政策時，確有因過失而提供錯誤資訊等等）、身體健康受到損害、該損害與不法行為有因果關係（確實是因該不法行為而導致身體健康受到損害）、損害範圍（例如：因不能工作所減少的薪資、必要的醫療

費用、看護費用、精神上痛苦等）等要件，其實是相當艱辛的過程。

除了嘗試請求國賠以外，民眾也可以依據傳染病防治法第 30 條第 1 項規定，請求「因接種受害之補償」。簡單來說，若民眾於接種疫苗後疑似發生嚴重不良反應，只要民眾懷疑不良反應的發生與接種疫苗有關，例如二者有「時間上的相關性（先後發生）」、「醫學上的相關性」等等，即得向接種地的衛生局提出申請，再由審議小組對不良反應與接種疫苗的關聯性進行判斷，並作成個案是否補償及應補償額度的審議結果。（註 1）

▶ 不良反應的認定有三種

接種疫苗後發生不良反應，該不良反應是否確為接種疫苗所引起？抑或是接種者本身的疾病、或其他無關接種疫苗的因素所導致？也就是不良反應的發生與接種疫苗，是否僅僅只有時間上的巧合？其間因果關係並不容易被確立、也不容易完全（100%）排除，這是接種受害事件的特性。

因應於此，審議辦法將接種疫苗與發生不良反應的關聯性分成三種類型：「確定無關」、「相關」，以及「無法確定」。

經認定不良反應的發生與接種疫苗具有「相關性」者固能獲得補償，即使不良反應與接種疫苗的關聯性為「無法確定」，也就是「不能確定、但也無法完全排除（100%）不良反應為接種疫苗所誘發之可能性」時，民眾仍得依法請求補償，只是補償的法定額度範圍相對於「具相關性」的類型為低，僅有經認定不良反應與接種疫苗「確定無關」，也就是審議小組能「完全排除（100%）不良反應為接種疫苗所誘發之可能性」時，才不予補償。

---

1 ｜詳細申請流程請參考衛福部網站：https://www.cdc.gov.tw/Category/Page/UfxPTwWZhqPAOfXZSqumgQ

▶ 補償制度分擔部性

由上可知，對於因醫學現階段之侷限性而不能確判不良反應與接種疫苗關聯性的情形，審議辦法乃規定由「預防接種受害救濟基金」承擔，這種作法其實就是此類「補償制度」的特色之一。

簡單來說，藉由不屬於疫苗接種過程中任何一方之財產（救濟基金）、有限的法定額度範圍（額度範圍不高，但民眾亦無須舉證證明受到多少損害），由第三方進行審議決定（以形式上客觀專業之社會公正人士所組成的小組進行審議），讓此類事件盡可能得到公正、專業，且迅速的處理，並使原本較難歸責於

任何一方，而損害結果往往又頗為嚴重的特殊受害事件，得賴「補償制度」以稍微減輕民眾遭遇不幸後所增加的負擔，避免民眾因很難證明接種疫苗與不良反應間的因果關係等要件，而無法獲得任何「賠償」。

▶ 除了申請補償，是否再請求國賠？

若民眾接種疫苗後不幸發生嚴重不良反應，就法律救濟的難度而言（舉證方面），以依傳染病防治法及其審議辦法「請求因接種受害之補償」負擔較輕，但補償的法定額度範圍固定且不高，而實際上個案能獲准多少補償金也全繫於審議小組的決定，與民眾所受損害未必相當。

另一方面，若民眾欲進一步就全部損害請求「國家賠償」，則必須負擔較高的舉證責任，且若現階段的醫學水平尚難判斷個案因果關係時，亦可能因舉證不足而無法順利求償。因此，民眾若真的不幸發生疑似疫苗接種嚴重不良反應時，除了申請補償之外，是否以及如何請求國賠，宜徵詢

醫學及法律之專業意見加以評估，以減少歷經繁複程序與耗費大量心力以後卻求償無果的困窘。

▶ **懂得更多**

　　與接種受害補償相似性質的補償在藥害救濟法、生產事故救濟條例、犯罪被害人保護法、人類免疫缺乏病毒傳染防治及感染者權益保障條例、監獄行刑法等亦可見，皆是透過補償以迅速但有限地填補人民遭受的不幸，且原則上並不排除進一步請求賠償的權利，只是將來請求的賠償額可能須扣減已領取的補償金。至於其他人民因國家合法行使公權力而遭受損失之補償（例如土地徵收之補償金、因警察使用警械致損害之補償金等），與本文介紹「不問是否因國家作為而遭受不幸之補償」，兩種制度並不相同。

 **知法熟法**

　　‧傳染病防治法第 30 條：

　　　1. 因預防接種而受害者，得請求救濟補償。

　　　2. 前項請求權，自請求權人知有受害情事日起，因二年間不行使而消滅；自受害發生日起，逾五年者亦同。

　　　3. 中央主管機關應於疫苗檢驗合格時，徵收一定金額充作預防接種受害救濟基金。

　　　4. 前項徵收之金額、繳交期限、免徵範圍與預防接種受害救濟之資格、給付種類、金額、審議方式、程序及其他應遵行事項之辦法，由中央主管機關定之。

國 家 圖 書 館 出 版 品 預 行 編 目 (CIP) 資 料

給企業人的法律書 / 寰瀛法律事務所著 . -- 初版 .
-- 臺北市 : 商訊文化事業股份有限公司, 2022.12
　面；　公分 . -- (商訊叢書 ; YS09945)
ISBN 978-626-96732-0-9(平裝)

1.CST: 企業法規 2.CST: 公司法

494.023　　　　　　　　　　　111018110

商訊叢書 | YS09945

給企業人的法律書

作　　　　者	寰瀛法律事務所
編 制 統 籌	姜維君
責 任 主 編	廖雁昭
執 行 主 編	劉俊輝
封面及內頁設計	洪詳宸
校　　　　對	寰瀛法律事務所、廖雁昭、劉俊輝

出　版　者	商訊文化事業股份有限公司
董　事　長	李玉生
總　經　理	王儒哲
行　　　銷	胡元玉
地　　　址	台北市萬華區艋舺大道 303 號 5 樓
發 行 專 線	02-2308-7111#5739
傳　　　真	02-2308-4608

總 經 銷	時報文化出版企業股份有限公司
地　　　址	桃園市龜山區萬壽路二段 351 號
讀 者 服 務 專 線	0800-231-705
時 報 悅 讀 網	www.readingtimes.com.tw
印　　　刷	宗祐印刷有限公司

出 版 日 期	2022 年 12 月 初版一刷
定　　　價	320 元

版權所有‧翻印必究
本書如有缺頁、破損、裝訂錯誤，請寄回本公司調換